建筑暖通设计优化研究

艾子颖　高慕晗　著

中国原子能出版社

图书在版编目(CIP)数据

建筑暖通设计优化研究／艾子颖，高慕晗著.—北京：中国原子能出版社，2021.6（2024.1 重印）

ISBN 978 – 7 – 5221 – 1475 – 0

Ⅰ.①建⋯ Ⅱ.①艾⋯ ②高⋯ Ⅲ.①房屋建筑设备 – 采暖设备 – 建筑设计 – 研究②房屋建筑设备 – 通风设备 – 建筑设计 – 研究③房屋建筑设备 – 空气调节设备 – 建筑设计 – 研究 Ⅳ.①TU83

中国版本图书馆 CIP 数据核字(2021)第 130297 号

建筑暖通设计优化研究

出版发行	中国原子能出版社(北京市海淀区阜成路43号　100048)
责任编辑	胡晓彤
装帧设计	刘慧敏
责任校对	刘慧敏
责任印制	赵明
印　刷	河北文盛印刷有限公司
经　销	全国新华书店
开　本	787 mm×1092 mm　　1/16
印　张	11.75
字　数	203 千字
版　次	2021 年 6 月第 1 版　　2024 年 1 月第 2 次印刷
书　号	ISBN 978 – 7 – 5221 – 1475 – 0　　定　价　68.00 元

网址:http://www.aep.com.cn　　E-mail:atomep123@126.com
发行电话:010 – 68452845　　版权所有　侵权必究

前　言

　　建筑设计过程中的一个重要环节就是暖通设计,暖通设计的好坏直接影响人们生活、工作的舒适感,好的建筑暖通设计不但可以降低工程造价,而且能减少对自然环境的影响。暖通本身的意义是为了给建筑提供热量能源,保证建筑内部的通风以及空气排放,最终实现建筑内外空气置换的目的。随着国内的经济发展和建筑供暖要求的提升,作为建筑行业中重要组成部分的暖通工程也得到了人们的重视,供暖的舒适性和便捷性越来越受到人们的广泛关注。这意味着人们对于暖通设计提出了更高的要求。暖通设计一旦出现问题就会对人们生活、工作造成影响。因此,对建筑暖通设计优化进行研究具有重大意义。

　　本书首先从供暖系统出发,介绍了热水供暖系统、高层建筑热水供暖系统、蒸汽系统等,接着从通风方式、建筑防火排烟等方面对建筑通风机排烟进行了探索,同时从散热器、风机盘管、空气处理机组等方面概述了暖通空调附属设备,之后系统地介绍了供暖锅炉房及换热站设备安装,最后通过对智能化供暖设备设计的全面分析,深入地探讨了暖通空调系统节能优化策略。希望通过本书的介绍,能够为读者在建筑暖通设计优化研究方面提供帮助。

　　本书由艾子颖、高慕晗合著。在写作过程中,笔者参考了部分相关资料,获益良多。在此,谨向相关学者、师友表示衷心感谢。

　　由于水平所限,有关问题的研究还有待进一步深化、细化,书中不足之处在所难免,欢迎广大读者批评指正。

著　者

2021 年 5 月

目　　录

第一章　供暖系统

第一节　热水供暖系统

一、热水供暖系统的特点

供给室内供暖系统末端装置使用的热媒主要有热水、蒸汽与热风三类。以热水作为热媒的供暖系统，称为热水供暖系统，同理可定义其他两类供暖系统。从卫生条件和节能等因素考虑，民用建筑应采用热水作为热媒。热水供暖系统也用在生产厂房及辅助建筑中。

热水供暖系统的热能利用率高，输送时无效热损失较小，散热设备不易腐蚀，使用周期长，且散热设备表面温度低，符合卫生要求；系统操作方便，运行安全，易于实现供水温度的集中调节，系统蓄热能力高，散热均匀，适于远距离输送。系统中的水在锅炉中被加热到所需要的温度，并用循环水泵做动力使水沿供水管流向各用户，散热后回水沿回水管返回锅炉，水不断地在系统中循环流动。系统在运行过程中的漏水量或被用户消耗的水量由补给水泵把经水处理装置处理后的水从回水管补充到系统内，补水量的多少可通过压力调节阀控制。膨胀水箱设在系统最高处，用以接纳水因受热后膨胀的体积。

室内热水供暖系统是由供暖系统末端装置及其连接的管道系统组成的，根据观察与思考问题的角度不同，可以按照下述方法分类。

（1）按照热媒温度的不同，可分为低温水供暖系统和高温水供暖系统。在各个国家，对于高温水和低温水的界限，都有自己的规定，并不统一。在我国，习惯认为：水温低于或等于 100 ℃的热水，称为低温水；水温超过 100 ℃的热水，称为高温水。

室内热水供暖系统，大多采用低温水做热媒。设计供、回水温度多采用95/70 ℃（也有采用 85/60 ℃）。低温热水辐射供暖供、回水温度为 60/50 ℃，高温水供暖系统一般宜在生产厂房中应用，设计供、回水温度大多采用 120～130

℃/70～80 ℃。

（2）按照系统循环动力的不同,可分为重力(自然)循环系统和机械循环系统。靠水的密度差进行循环的系统,称为重力循环系统;靠机械(水泵)力进行循环的系统,称为机械循环系统。

（3）按照系统管道敷设方式的不同,可分为垂直式和水平式。垂直式供暖系统是指不同楼层的各散热器用垂直立管连接的系统;水平式供暖系统是指同一楼层的散热器用水平管线连接的系统。

（4）按照散热器供、回水方式的不同,可分为单管系统和双管系统。热水经立管或水平供水管顺序流过多组散热器,并顺序地在各散热器中冷却的系统,称为单管系统。热水经供水立管或水平供水管平行地分配给多组散热器,冷却后的回水自每个散热器直接沿回水立管或水平回水管流回热源的系统,称为双管系统。

自 20 世纪 90 年代以来,我国从计划经济向社会主义市场经济全面转轨,相应的住房及其供暖制度也由福利制向商品化转变。供暖系统也在常规供暖系统形式的基础上出现了新形式——分户供暖系统,并得到了广泛应用;同时,在实践中对一些既有建筑的传统供暖系统进行了分户改造。

二、热水供暖系统的形式

(一)热水供暖系统的循环动力

热水供暖系统的循环动力叫做作用压头。按照循环动力的不同,将热水供暖系统分为重力(自然)循环系统和机械循环系统(图 1-1)。重力循环系统[图 1-1(a)]中水靠其密度差循环,该作用压头称为重力作用压头。图 1-1(a)中,水在锅炉 1 中受热,温度升高到 t_s,体积膨胀,密度减少到 ρ_s,加上来自回水管 7 冷水的驱动,使水沿供水管 6 上升流到散热器 2 中。在散热器中热水将热量散发给房间,水温降低到 t_r,密度增大到 ρ_r,沿回水管 7 回到锅炉内重新加热。这样周而复始地循环,不断把热量从热源送到房间。膨胀水箱 3 的作用是容纳因系统水温升高时热膨胀而多出的水量,补充因系统水温降低和泄漏时短缺的水量,稳定系统的压力和排除水在加热过程中所释放出来的空气。为了顺利排除空气,水平供水干管标高应沿水流方向下降,因为重力循环系统中水流速度较小,可以采用气水逆向流动,使空气从管道高点所连接的膨胀水箱排除。重力循环系统不需要外来动力,运行时无噪声、调节方便、管理简单。由于作用压头小,所需管径大,只适宜用于没有集中供热热源、对供热质量有特殊要求的小型建筑物中。机械循环系统[图1-1(b)]中水的循环动力来自循环水泵4,该系统的循环动力称为机械作用压头。膨胀水箱多接到循环水泵4的入口侧。在此系统中膨胀水箱不能排气,所以在系统供水干管末端设有集气罐5,进行集中排气。集气罐连接处为供水干管最高点。机械循环系统作用半径大,是集中供暖系统的主要形式。图1-1中虚线框表示系统的热力中心。

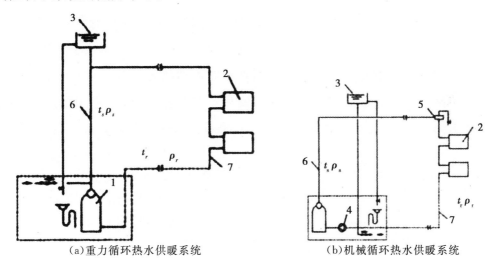

(a)重力循环热水供暖系统　　　　(b)机械循环热水供暖系统

图1-1　按照热水循环动力分类的热水供暖系统

1—锅炉;2—散热器;3—膨胀水箱;4—循环水泵;5—集气罐;6—供水管;7—回水管

(二)热水供暖系统的供回水温度

按照供水温度的高低,将热水供暖系统分为高温水供暖系统和低温水供暖系统。各国高温水与低温水的界限不一样。我国将设计供水温度高于100 ℃的系统称为高温水供暖系统;设计供水温度低于100 ℃的系统称为低温水供暖系统。高温水供暖系统由于散热器表面温度高,易烫伤皮肤,烤焦有机灰尘,卫生条件及舒适度较差,但可节省散热器用量,设计供回水温差较大,可减小管道系统管径,降低输送热媒所消耗的电能,节省运行费用。主要用于对卫生要求不高的工业建筑及其辅助建筑中。低温水供暖系统的优缺点正好与高温水供暖系统相反,是民用及公用建筑的主要供暖系统形式。

高温水系统的设计供回水温度常取 130/70 ℃,130/80 ℃,110/70 ℃等。低温水系统的设计供回水温度常取 95/70 ℃,85/60 ℃,80/60 ℃,60/50 ℃等。设计供水温度、设计供回水温差的数值应综合热源、管网和热用户的情况,通过经济技术比较来确定。

(三)热水供暖管道系统

应通过考虑热源来向,建筑物的规模、层数,布置管道的条件和用户要等来确定热水供暖管道系统的形式。

根据建筑物布置管道的条件,热水供暖管道系统可采用如图 1-2 所示的上供下回式、上供上回式、下供下回式和下供上回式。"上供"是指热媒从立管沿纵向从上向下供给各楼层散热器的系统;"下供"是指热媒从立管沿纵向从下向上供给各楼层散热器的系统。"上回"是指热媒从立管各楼层散热器沿纵向从下向上回流;"下回"是指热媒从立管各楼层散热器沿纵向从上向下回流。

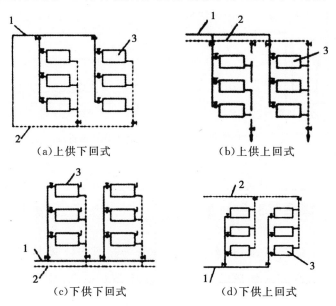

（a）上供下回式　　　　　　　　（b）上供上回式

（c）下供下回式　　　　　　　　（d）下供上回式

图 1-2　按照供、回水方式分类的供暖系统

1—供水干管;2—回水干管;3—散热器

(1)上供下回式系统[图 1-2(a)],布置管道方便,排气顺畅,是用得最多的系统形式。

(2)上供上回式系统[图 1-2(b)],供暖干管不与地面设备及其他管道发生占地矛盾。但立管消耗管材量增加,立管下面均要设放水阀。主要用于设备和工艺管道较多、沿地面布置干管发生困难的工厂车间等。

（3）下供下回式系统［图1-2(c)］，与上供下回式相比，供水干管无效热损失小、可减轻上供下回式双管系统的竖向失调（沿竖向各房间的室内温度偏离设计工况称为竖向失调）。虽然通过上层散热器环路的重力作用压头大，但管路长，阻力损失大，这样有利于水力平衡。顶棚下无干管，比较美观，可以分层施工，分期投入使用。底层需要设管沟或有地下室以便于布置两根干管，并且要在顶层散热器设放气阀或设空气管排除空气。

（4）下供上回式系统［图1-2(d)］，与上供下回式系统相对照，被称为倒流式系统。如供水干管在一层地面明设时其散热量可加以利用，因而无效热损失小。与上供下回式系统相比，底层散热器平均温度升高，从而减少底层散热器面积，有利于解决某些建筑物中底层房间热负荷大、散热器面积过大、难于布置的问题。立管中水流方向与空气浮升方向一致，在图1-2所示的四种系统形式中最有利于排气。当热媒为高温水时，底层散热器供水温度高，然而水静压力也大，有利于防止水温较高导致的供水的汽化。

（5）中供式系统，如图1-3所示。

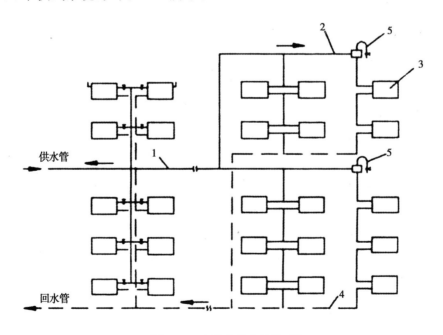

图1-3　中供式热水供暖系统

1—中部供水管；2—上部供水管；3—散热器；4—回水干管；5—集气罐

上半部分系统可分为下供下回式系统（图1-3的左上半部分）或上供下回式

系统(图1-3的右上半部分),而下半部分系统均为上供下回式系统。中供式系统可减轻竖向失调,但计算和调节都比较麻烦。

根据各楼层散热器的连接方式,热水供暖系统可采用垂直式与水平式系统(图1-4)。垂直式供暖系统是将不同楼层的各散热器用垂直立管连接的系统[图1-4(a)];水平式供暖系统是将同一楼层的散热器用水平管线连接的系统[图1-4(b)]。垂直式供暖系统中一根立管可以在一侧或两侧连接散热器[图1-4(a)左边立管]。

如图1-4(b)所示的水平式系统,可用于公共建筑的厅、堂等场所。近年来用于设计住宅分户热计量热水供暖系统。该系统大直径的干管少,穿楼板的管道少,有利于加快施工进度,室内无立管比较美观。设有膨胀水箱时,水箱的标高可以降低,便于分层控制和调节。需要采用图1-5所示的措施解决热胀冷缩引起的漏水和散热器内集聚空气不热或欠热的问题。用于公共建筑如水平管线过长时要在散热器两侧设乙字弯(图中未示出),每隔几组散热器加乙字弯管补偿器5或方形补偿器4。水平式系统中串联散热器组数不宜太多。可在各散热器上设放气阀2或多组散热器用串联的空气管3来排气。

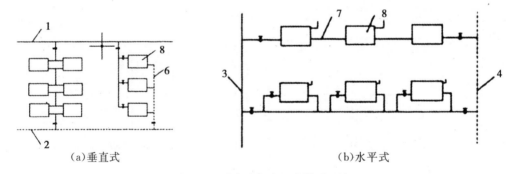

(a)垂直式　　　　　　　　　　　(b)水平式

图1-4　垂直式与水平式供暖系统

1-供水干管;2-回水干管;3-水平式系统供水立管;4-水平式系统回水立管;5-供水立管;

6-回水立管;7-水平支路管道;8-散热器

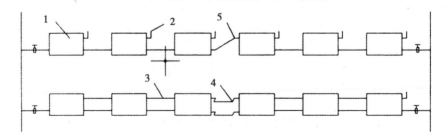

图1-5　水平式系统的排气及热补偿措施

1-散热器;2-放气阀;3-空气管;4-方形补偿器;5-乙字弯管补偿器

按照连接相关散热器的管道数量,热水供暖系统有单管系统与双管系统(图1-6)之分。单管系统是用一根管道将多组散热器依次串联起来的系统;双管系统是用两根管道(一根供水管、一根回水管)将多组散热器相互并联起来的系统。图1-6中只表示了系统的立管部分。多个散热器用管道关联,如所关联的散热器位于不同的楼层,则形成垂直式单管系统;如所关联的散热器位于同一楼层,则形成水平式单管系统。

图1-6(a)表示垂直单管式系统的基本组合体,单管系统又有顺流式与跨越管式之分。其左边为顺流式单管基本组合体,立管中的全部热媒依次流过各层散热器;右边为跨越管式单管基本组合体,立管中的部分热媒流过各层散热器。

图1-6(b)为垂直双管式系统基本组合体。

图1-6(c)为水平式系统单管基本组合体,其上图为顺流式水平单管基本组合体,下图为跨越管式水平单管基本组合体。

图1-6(d)为水平双管式系统基本组合体。

单管系统节省管材、造价低、施工进度快,顺流式单管系统不能调节单个散热器的散热量。跨越管式单管系统如在散热器支管上设置普通的闸阀或截止阀,则以多耗管材(跨越管)和增加散热器片面积为代价换取散热量在一定程度上的可调性。目前推行的在各组散热器上安装温度调节阀的措施,可设定室温并自动调节流量,使室内温度控制在一定水平上,是供暖系统节能和实行热计量的措施之一。虽然单管系统的水力稳定性比双管系统好,但采用上供下回式单管系统,往往底层散热器片数较多,有时造成散热器布置困难。虽然双管系统可单个调节散热器的散热量,但管材耗量大、施工麻烦、造价高、易产生竖向失调。

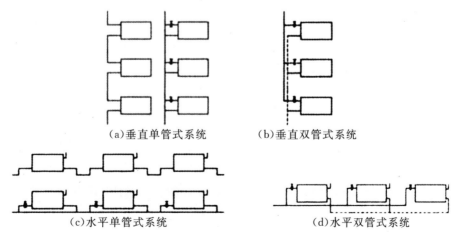

(a)垂直单管式系统　　(b)垂直双管式系统

(c)水平单管式系统　　　　(d)水平双管式系统

图1-6　单管系统与双管系统的基本组合体

供暖系统按照各并联环路水的流程,可划分为同程式系统与异程式系统(图1-7)。沿各基本组合体热媒流程基本相等的系统称为同程式系统[图1-7(a)]。图1-7(a)中立管④离供水总管最近,离回水总管最远;立管①离供水总管最远,离回水总管最近。通过①~④各立管环路的供、回水干管路径长度基本相同。异程式系统是指沿各基本组合体热媒的流程长度不同的系统。此系统中通过基本组合体①的供、回水干管均短;通过基本组合体①的供、回水干管都长。通过①~④各基本组合体环路的供、回水干线的长度都不同。只有一个基本组合体的系统,没有同程和异程之分。

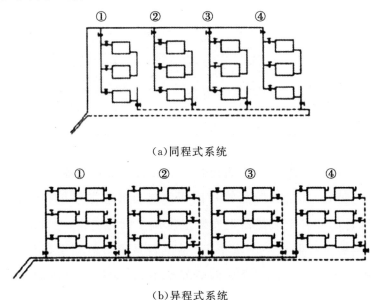

(a)同程式系统

(b)异程式系统

图 1-7 同程式系统与异程式系统

水力计算时同程式系统各环路易于平衡,水力失调较轻,但有时可能要多耗费些管材,其耗量决定于系统的具体条件和布管的技巧,布置管道合理时管材耗量增加不多。

系统底层干管明设有困难时要置于管沟内。同程式系统中的最不利环路不明确,通过水力阻力最大的立管的环路是最不利环路,该立管可能是中间某立管,而且实际运行时同程式系统出现水力不平衡现象时不像异程式系统那样易于调整,因此,同程式系统水力计算时要绘制压力平衡图,防止系统运行时水力失调。异程式系统可节省管材,降低投资。但由于各环路的流动阻力不易平衡,常导致离热力入口(热力入口是室外供热系统与建筑物的供暖系统相连接处的管道和设施的总称)近处立管(或基本组合体)的流量大于设计值,远处立管(或基本组合体)的流量小于设计值的现象。为此要力求从设计上采取措施解决远近环路的不平衡问题,如减小干管阻力,增大立支管路阻力,在立支管路上采用性能好的调节阀等。一般把从热力入口到最远基本组合体[图1-7(b)]中的基本组合体④水平干管的展开长度称为供暖系统的作用半径。因为机械循环系统作用压力大,所以,允许阻力损失大,作用半径较大的系统宜采用同程式系统。

三、分户供暖系统

分户供暖的产生与我国社会经济发展紧密相连。20世纪90年代以前,我国处于计划经济时期,供热一直作为职工的福利,采取"包烧制",即冬季供暖费用由政府或职工所在单位承担。之后,我国从计划经济向市场经济转变,相应的住房分配制度也进行了改革。职工购买了本属于单位的公有住房或住房分配实现了商品化。加之所有制变革、行业结构调整、企业重组与人员优化等改革措施,职工所属单位发生了巨大变化。原有经济结构下的福利供热制度已不能满足市场经济的要求,严重困扰城镇供热的正常运行与发展。因为在旧供热体制下,供暖能耗多少与热用户经济利益无关,用户一般不考虑供热节能,能源浪费严重,供暖能耗居高不下。在此形势下,节能增效刻不容缓,分户供暖势在必行。

分户供暖是以经济手段促进节能。供暖系统节能的关键是改变热用户的现有"室温高,开窗放"的用热习惯,这就要求供暖系统在用户侧增加调节手段,先实现分户控制与调节,为下一步分户计量创造条件。

对于民用建筑的住宅用户,分户供暖就是改变传统的一幢建筑一个系统的"大供暖"系统的形式,实现分别向各个单元具有独立产权的热用户供暖并具有调节与控制功能的供暖系统形式。因此,分户供暖工作必然包含两方面的工作内容:一是既有建筑供暖系统的分户改造;二是新建住宅的分户供暖设计。本书主要针对第二方面的内容进行研究。

分户供暖是实现分户热计量及用热的商品化的一个必要条件,不管形式上如何变化,它的首要目的仍是满足热用户的用热需求,需在供暖形式上做分户的处理。分户供暖系统的形式是由我国城镇居民建筑具有公寓大型化的特点决定的——在一幢建筑的不同单元的不同楼层的不同居民住宅,产权不同。根据这一特点及我国民用住宅的结构形式,楼梯间、楼道等公用部分应设置独立供暖系统,室内的分户供暖主要由以下三个系统组成。

第一,满足热用户用热需求的户内水平供暖系统,就是按户分环,每一户单独引出供回水管,一方面便于供暖控制管理,另一方面用户可实现分室控温。

第二,向各个用户输送热媒的单元立管供暖系统,即用户的公共立管,可设于楼梯间或专用的供暖管井内。

第三,向各个单元公共立管输送热媒的水平干管供暖系统。同时还要辅之以必要的调节、关断及计量装置。但分户供暖系统相对于传统的大供暖系统没有本质的变化,仅仅是利用已有的供暖系统形式,采取新的组合方式,在形式上满足热用户一家一户供暖的要求,使其具有分别调节、控制、关断功能,便于管理与未来分户计量的开展,它的服务对象主要是民用住宅建筑。

(一)户内水平供暖系统形式与特点

为满足在一幢建筑内向每一热用户单独供暖,应在每一热用户的入口设有单独的供回水管路,用户内形成单独环路。适合于分户供暖的户内系统进、出散热器的供、回水管为水平式安装,其位置可选用上进上出、上进下出、下进下出等组合方式。考虑到美观,一般采用下进下出的方式。并根据实际情况,水平管道可明装,沿踢脚板敷设;或水平管道暗装,镶嵌在踢脚板内或暗敷在地面预留的沟槽内。管道连接形式常采用以下5种形式(图1-8),即水平单管串联式、水平单管跨越式、水平双管同程式、水平双管异程式和水平网程(章鱼)式。

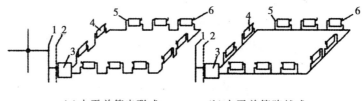

(a)水平单管串联式　　　　(b)水平单管跨越式

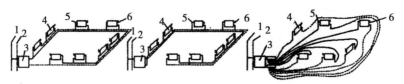

(c)水平双管同程式　　(d)水平双管异程式　　(e)水平网程式

图1-8　户内水平供暖系统

1-供水立管;2-回水立管;3-户内系统热力入口;4-散热器;5-温控阀或关断阀门;6-冷风阀

比较这几种连接形式:图1-8(a)中的热媒按顺序地流经各个散热器,温度逐次降低。环路简单,阻力最大,各个散热器不具有独立调节能力,工作时相互影响,任何一个散热器出现故障其他均不能正常工作。并且散热器组数一般不宜过多,否则,末端散热器热媒温度较低,供暖效果不佳。图1-8(b)较图1-8(a)每组散热器下多一根跨越管,热媒一部分进散热器散热,另一部分经跨越管与散热器出口热媒混合,各个散热器具有一定的调节能力。图1-8(c)中的热媒经水平管道流入各个散热器,并联散热器的热媒进出口温度相等,水平管道为同程式,即进出散热器的管道长度相等,且比图1-8(a)多一根水平管道,给管道的布置带来了不便。但热负荷调节能力强,可根据需要对负荷任意调节,且不相互影响。

图1-8(d)为双管异程布置。图1-8(e)中热媒由分、集水器提供,可集中调节各个散热器的散热量,此方式常应用于低温辐射地板供暖。以上5种分户供暖户内连接形式,由于户内供、回水采用的是水平下供下回的方式,系统的局部高点是散热器,必须安装冷风阀,以便于排出系统内的空气。户内的水平供、回水管道也可以采用上供下回、上供上回等多种形式。

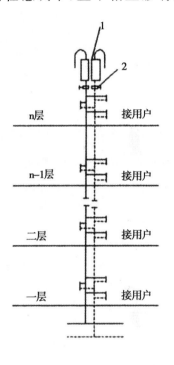

图1-9 单元立管供暖系统
1—自动排气阀;2—球阀

(二)单元立管供暖系统形式与特点

设置单元立管的目的在于向户内供暖系统提供热媒,是以住宅单元的用户为服务对象,一般放置于楼梯间内单独设置的供暖管井中。单元立管供暖系统应采用异程式立管(图1-9)已形成共识。从其结构形式上看,同程式立管到各个用户的管道长度相等,压降也相等,似乎更有利于热量的分配,但在实际应用时由于同程式立管无法克服重力循环压力的影响,故应采用异程式立管。同时必须指出的是单元异程式立管的管径不应因设计的保守而加大;否则,其结果与同程式立管一样将造成垂直方向失调,上热下冷。自然重力压头的影响与水力工况分析见第四章。立管上还需设自动排气阀1、球阀2,便于系统顶端的空气及时排出。

(三)水平干管供暖系统形式与特点

设置水平干管的目的在于向单元立管系统提供热媒,是以民用建筑的单元立管为服务对象,一般设置于建筑的供暖地沟中或地下室的顶棚下。向各个单元立管供应热媒的水平干管若环路较小,可采用异程式,但一般多采用同程式的,如图1-10所示。由于在同一平面上,没有高差,无重力循环附加压力的影响,同程式水平干管保证了到各个单元供回水立管的管道长度相等,使阻力状况基本一致,热媒分配平均,可减少水平失调带来的不利影响。

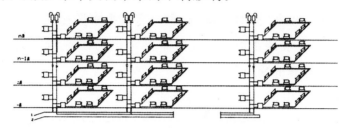

图1-10 分户供暖管线系统示意图

1—水平供水干管;2—水平回水干管

整体来看,室内分户供暖系统是由户内系统、单元立管系统和水平干管系统三部分组成,较以往传统的垂直单管顺流式系统室内系统管道的数量有所增加,总循环阻力增大。但二者没有本质的区别,进一步比较,可以更清楚地了解分户供暖系统的特点。如图1-11所示是上供下回垂直单管顺流式供暖系统简图,图1-11(a)为异程式系统,供水干管为MA,回水干管为BN;图1-11(b)为同程式系统,水平供水干管为MA,水平回水干管为NB;MN,KL,……AB为立管,热媒由上至下流经各层热用户。对图1-12所示供暖系统顺时针旋转90°就成了分户供暖系统的一部分,即户内水平供暖系统与单元立管供暖系统。图1-12是图1-11的系统规模简化,即原有的整个建筑的上供下回式单管顺流式(大供暖)系统,缩小、旋转为适合于分户供暖单个单元供暖的小系统。热用户内散热器的连接形式由垂直变为水平,水平干管变为单元立管,再用水平干管将各个经过"缩小、旋转"的小系统水平连接起来,就是分户供暖系统。

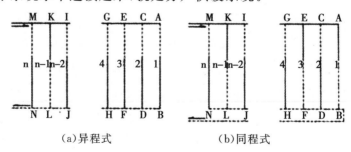

(a)异程式　　　　　　　　　　(b)同程式

图1-11 上供下回垂直单管顺流式供暖系统简图

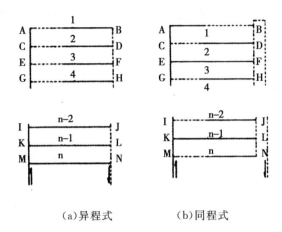

（a）异程式　　　　（b）同程式

图 1-12　分户供暖系统户内与单元供暖系统简图

分户供暖系统从各个单元来看，较原有的整个建筑的供暖系统规模缩小了、简化了，便于控制与调节，这是近些年分户供暖工作得以顺利开展并取得成功的一个重要原因。但分户供暖的整个系统与原有的垂直单管顺流式系统相比，管道量增多、管路阻力增加。下面给出的是建筑入口预留压力的推荐值，仅供参考：对于小于 3 个单元的小型住宅，推荐参考预留压力为 30 kPa（3 mH$_2$O）；对于 3～7 个单元的中型住宅，推荐参考预留压力为 40 kPa（4 mH$_2$O）；对于 7 个以上单元的较大型住宅，推荐参考预留压力为 50 kPa（5 mH$_2$O），低温热水地板辐射供暖的压力预留应在此基础上分别提高 20 kPa（2 mH$_2$O）。因此，在提高收费率及满足用户调节节能的情况下，还应该考虑如何对社会财富的有效节省，探索不同使用条件下的合理供暖系统形式。

（四）分户供暖的入户装置

分户供暖的入户装置安装位置可分为户内供暖系统入户装置与建筑供暖入口热力装置。

下面仅介绍户内供暖系统入户装置。

如前所述，分户供暖户内系统包括水平管道、散热装置及温控调节装置，还应该包括系统的入户装置，如图 1-13 所示。对于新建建筑户内供暖系统入户装置一般设于供暖管井内，改造工程应设置于楼梯间的专用供暖表箱内，同时保证热表的安装、检查、维修的空间。供回水管道均应设置锁闭阀，供水热量表前设置 Y 型过滤器，滤网规格宜为 60 目。可采用机械式或超声波式热表，前者价格较低，但对水质的要求高;后者的价格较前者高,可根据工程实际情况自主选用。对于仅分户但不实行计量的热用户可考虑暂不安装热表,但对其安装位置应预留。

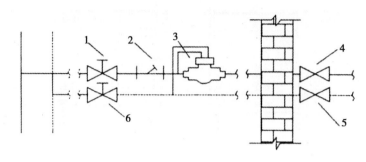

图 1-13 户内供暖系统入户装置

1,6—锁闭阀;2—Y形过滤器;3—热量表;4,5—户内关闭阀

第二节 高层建筑热水供暖系统

一、高层建筑热水供暖系统的特点

高层建筑楼层多,供暖系统底层散热器承受的压力大。供暖系统的高度增加,更容易产生竖向失调。在确定高层建筑热水供暖系统与集中热网相连的系统形式时,不仅要满足本系统最高点不倒空、不汽化、底层散热器不超压的要求,还要考虑该高层建筑供暖系统连到集中热网后不会导致其他建筑物供暖散热器超压。高层建筑供暖系统的形式还应有利于减轻竖向失调。在遵照上述原则下,高层建筑热水供暖系统也可有多种形式。

二、高层建筑热水供暖系统的形式

(一)分区式高层建筑热水供暖系统

分区式高层建筑热水供暖系统是将系统沿垂直方向分成两个或两个以上独立系统的形式。即将系统分为高、低区或高、中、低区。其分区取决于集中热网的压力工况、建筑物总层数和所选散热器的允许承压能力等条件。分区式供暖系统的优点是可同时解决系统下部散热器超压和减轻系统的竖向失调问题。低区系统可与集中热网直连或间接连接。高区系统可根据外网的压力选择下述形式。

➤➤ 1. 高区采用间接连接的系统

高区供暖系统与热网间接连接的分区式供暖系统如图1-14所示,向高区供热的换热站可设在该建筑物的底层、地下室及中间技术层内,还可设在室外的集中热力站内。室外热网在用户处提供的资用压力较大,供水温度较高时可采用高区间接连接的系统。从而可以给换热器提供足够的克服阻力的动力和传热温差,减小其传热面积。

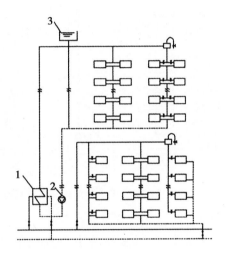

图1-14 分区式高层建筑热水供暖系统

(高区间接连接)

1—换热器;2—循环水泵;3—膨胀水箱

➤➤ 2. 高区采用双水箱或单水箱的系统

高区采用双水箱或单水箱的系统如图1-15所示。图1-15(a)在高区设两个水箱,用水泵1将供水注入供水箱3,依靠供水箱3与回水箱2之间的水位高差,作为高区供暖系统的循环动力。图1-15(b)在高区设一个水箱,利用水泵1出口的压力与回水箱2的位差作为高区供暖系统的循环动力。系统停止运行时,利用水泵出口逆止阀使系统高区与室外热网供水管水力不相通,系统高区的静水压力传递不到底层散热器及室外热网的其他用户。由于回水箱溢流管6内的壅水高度取决于室外热网回水管的压力值。回水箱高度超过用户所在室外热网回水管的压力。溢流管6上部为非满管流,起到了将高区系统与室外热网隔离的作用。该系统简单,省去了设置换热站的费用。但建筑物高区要有放置水箱的地方,建筑结构要承受其荷载。水箱为开敞式,系统容易掺气,增加氧腐蚀。若室外热网在用户处提供的资用压力较小、供水温度较低时,可采用高区设置水箱的系统。该系统中高区采用直接连接,回避了采用间接连接时传热温差偏小、换热面积过大的问题;热力入口设加压水泵,将热媒提升到高区,提供高区的循环动力。

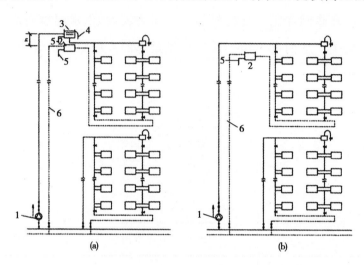

图 1-15　高区采用双水箱或单水箱的高层建筑热水供暖系统

1—加压水泵;2—回水箱;3—供水箱;4—供水箱溢流管;5—信号管;6—回水箱溢流管

此外,还有不在高区设水箱,在供水总管上设加压泵,回水总管上安装减压阀的分区式系统和高区采用下供上回式系统,回水总管上设"排气断流装置"的分区式系统。

(二)其他类型的高层建筑热水供暖系统

在高层建筑中除了上述系统形式之外,还可以采用以下系统形式。在这些系统形式中,有的既可以防止下部散热器超压,又可减轻系统竖向失调;有的只能缓解系统竖向失调。

❱❱ 1.双线式热水供暖系统

双线式热水供暖系统只能减轻系统失调,不能解决系统下层散热设备压力大的问题。其分为垂直双线和水平双线热水供暖系统(图 1-16)。

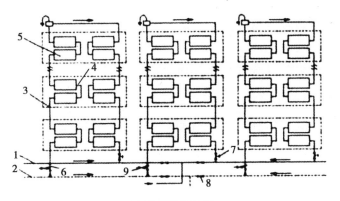

（a）垂直双线系统

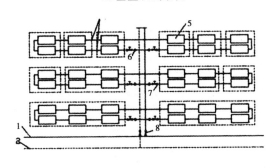

（b）水平双线系统

图 1-16　双线式热水供暖系统

1—供水干管；2—回水干管；3—双线立管；4—双线水平管；

5—散热设备；6—节流孔板；7—调节阀；8—截止阀；9—排水阀

（1）垂直双线热水供暖系统

图 1-16（a）为垂直双线热水供暖系统，立管上设置于同一楼层一个房间中的散热设备（钢制串片散热器、钢管制蛇形管散热器或墙面辐射板）为两组（图中虚线框所示），按照热媒流动方向每一个房间的立管由上升和下降两部分构成，使得各层房间两组散热设备的平均温度近似相同，总传热效果接近，从而减轻竖向失调。其立管阻力增加，提高了系统的水力稳定性，适用于公共建筑一个房间可设置两组散热器或两块辐射板的情形。

（2）水平双线热水供暖系统

图 1-16（b）为水平双线热水供暖系统，图中虚线框表示连接于水平支管上设置于同一房间的散热装置（钢制串片散热器、钢管制蛇形管散热器或墙面辐射板），与垂直双线系统类似。各房间散热设备平均温度近似相同，减轻水平失调，在每层水平双线上设调节阀 7 和节流孔板 6，可实现分层调节和减轻竖向失调。

▶▶ 2. 单双管混合式热水供暖系统

图 1-17 为单双管混合式热水供暖系统。该系统中将散热器沿竖向分成组，组内为双管系统，组与组之间采用单管连接。利用了双管系统散热器可局部调节和单管系统提高系统水力稳定性的优点，减轻了双管系统层数多时，重力作用压头引起的竖向失调严重的问题，但不能解决系统下部散热器压力过大的问题。

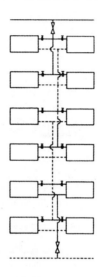

图 1-17 单双管混合式热水供暖系统

双线式热水供暖系统和单双管混合式热水供暖系统不能解决系统下部散热器压力过大的问题，因此系统的高度要受到限制。在散热设备为辐射板时，其承压能力有所增加，采用此类系统可缓解这一矛盾。

▶▶ 3. 热水和蒸汽混合式供暖系统

对特高层建筑(例如高度大于 160 m 的建筑)，如采用直接连接系统，最底层的水静压力已超过一般管路附件和设备的承压能力(一般为 1.6 MPa)。为此，可将建筑物沿竖向分成高、中和低三个区，该系统见图 1-18。高区利用蒸汽做热媒，高区汽水换热器 3 的加热热媒——蒸汽，来源于室外蒸汽管网或位于底层的蒸汽锅炉房，被加热热媒为高区供暖系统中的循环水。中、低区采用热水作为热媒，根据集中热网的压力和温度决定其系统采用直接连接或间接连接。图 1-18 中、低区采用间接连接。这种系统既可以解决系统下部散热器超压的问题，又可以减轻竖向失调的问题。

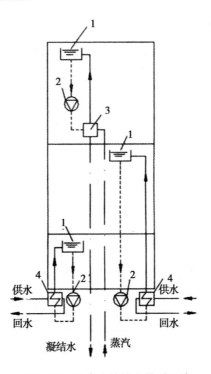

图 1-18　特高建筑热水供暖系统

1-膨胀水箱;2-循环水泵;3-汽-水换热器;4-水-水换热器

第三节　蒸汽系统

蒸汽是暖通空调系统中常用的热媒之一。在暖通空调中除了用于供暖之外,还用于通风、空调、制冷和热水供应。

一、蒸汽在暖通空调中的应用

(一)供暖热媒

作为供暖系统的热媒,蒸汽供暖系统的蒸汽压力一般不大于 0.39 MPa。供暖设备可以是散热器和暖风机。

(二)加热空气

即加热通过热空气幕的空气。在寒冷地区为阻挡室外冷风侵入建筑物,常在人员出入频繁、经常开启的外门处设热空气幕。蒸汽做热媒的热空气幕供热能力大，一般使用表压 0.39 MPa 的蒸汽，但也可以应用 0.5～0.6 MPa 的蒸汽。

冬季用蒸汽-空气换热器加热通风机组、空调机组和新风处理机组中的空气，供给通风系统、全空气空调系统或空气-水空调系统。

(三)制备热水

用汽-水换热器制备热水，供给全水空调系统或空气-水空调系统或全空气系统使用。

用汽-水换热器间接加热或直接加热自来水，供给热水供应系统满足工业、商业和生活用热水的需求。

(四)加湿空气

在有现成蒸汽热源时，用干蒸汽加湿器对空气进行加湿。它不仅加湿迅速、均匀、稳定、效率高(接近 100%)、不带水滴和细菌，而且节省电能，运行费用低，布置方便。所需蒸气压力为 0.02～0.4 MPa。

(五)制冷热源

吸收式制冷是用热能做动力的制冷方法。单效溴化锂吸收式制冷机可使用热水和蒸汽为热媒，蒸汽压力 $p=0.02～0.1$ MPa(表压)，热水温度≤150 ℃。双效溴化锂吸收式制冷机，采用压力 $p=0.6～0.8$ MPa(表压)的蒸汽做热媒时，热力系数约比单效溴化锂制冷机高 60%～70%。为了提高热力系数，应尽量使用压力高的饱和蒸汽，但一般不能高于 0.8 MPa(表压)，温度不超过 175 ℃。

二、蒸汽系统形式

蒸汽供暖系统可以分为多种类型。

(1)根据供汽压力 p 可分为高压蒸汽供暖系统[供汽压力 p(表压)＞0.07 MPa]，低压蒸汽供暖系统[供汽压力 p(表压)≤0.07 MPa]和真空蒸汽供暖系统[供汽压力 p(绝对压力)＜0.1 MPa]。根据供汽汽源的压力、对散热器表面最高温度的限度和用热设备的承压能力来选择高压或低压蒸汽供暖系统。工业建筑及其辅助建筑可用高压蒸汽供暖系统。真空供暖系统的优点是热媒密度小,散热器表面温度低,便于调节供热量;其缺点是需要抽真空设备,对管道气密性要求较高。因真空供暖系统需增加设施和运行管理复杂,国内外用得都很少。

(2)根据立管的数量可分为单管蒸汽供暖系统和双管蒸汽供暖系统。单管蒸汽供暖系统中通向各散热器的供汽和凝结水立、支管合二为一;双管蒸汽供暖系统中通向各散热器的供汽和凝结水立、支管分别为两根管。由于单管蒸汽供暖系统中蒸汽和凝结水在同一条管道中流动,而且经常是反向流动,易产生水击和汽水冲击噪声,所以单管蒸汽供暖系统用得很少,多采用垂直双管蒸汽供暖系统。

(3)根据蒸汽干管的位置可分为上供式、中供式和下供式。

(4)根据凝结水回收动力可分为重力回水系统和机械回水系统。根据凝结水系统是否通大气可分为:开式系统(通大气)和闭式系统(不通大气)。如果蒸汽系统有一处(一般是凝结水箱或空气管)通大气则是开式系统;否则是闭式系统。

(5)根据凝结水充满管道断面的程度可分为干式回水系统和湿式回水系统。凝结水干管内不被凝结水充满,系统工作时该管道断面上部充满空气,下部流动凝结水,系统停止工作时,该管内全部充满空气。这种凝结水管称为干式凝结水管,这种回水方式称为干式回水。凝结水干管的整个断面始终充满凝结水,这种凝结水管称为湿式凝结水管,这种回水方式称为湿式回水。

(一)低压蒸汽供暖系统

低压蒸汽供暖系统中蒸汽压力低,“跑、冒、滴、漏”的情况比较缓和,为了简化系统,一般都采用开式系统。根据凝结水回收的动力将其分为重力回水系统和机械回水系统两大类。按照供汽干管位置可分为上供式、下供式和中供式。低压蒸汽供暖系统用于有蒸汽汽源的工业厂房、工业辅助建筑和厂区办公楼等场合。

(二)低压蒸汽供暖系统的形式

▶▶ 1. 重力回水低压蒸汽供暖系统

重力回水低压蒸汽供暖系统的主要特点是供汽压力小于 0.07 MPa 及凝结水在有坡管道中依靠其自身的重力回流到热源。图 1-19 为重力回水低压蒸汽供暖系统原理图。图 1-19(a)为上供式,图 1-19(b)为下供式。上供式系统和下供式系统中其蒸汽干管分别位于供给蒸汽的所有各层散热器上部或下部。锅炉 1 内的蒸汽在自身压力作用下,沿蒸汽管 2 输送进入散热器 6,同时将积聚在供汽管道和散热器内的空气驱赶入凝结水管 3,4,经连接在凝结水管末端 B 点的空气管 5 排出。蒸汽在散热器内冷凝放热,凝结水靠重力作用返回锅炉,重新加热变成蒸汽。锅筒内水位为Ⅰ-Ⅰ。在蒸汽压力作用下,总凝结水管 4 内的水位Ⅱ-Ⅱ比锅筒内水位Ⅰ-Ⅰ水位高出 h(h 为锅筒蒸汽压力折算的水柱高度),水平凝结水干管 3 的最低点比Ⅱ-Ⅱ水位还要高出 $200 \sim 250$ mm,以保证水平凝结水干管 3 内不被水充满。系统工作时该管道断面上部充满空气,下部为流动凝结水;系统停止工作时,该管内充满空气。凝结水管 3 称为干式凝结水管。总凝结水管 4 的整个断面始终充满凝结水,凝结水管 4 称为湿式凝结水管。图 1-19(b)中水封 8 用于排除蒸汽管中的沿途凝结水,可防止立管中的汽水冲击并阻止蒸汽窜入凝结水管。水平蒸汽干管应坡向水封,水封底部应设放水丝堵,供排污和放空之用。图中水封高度 h′应大于水封与蒸汽管连接点处蒸汽压力 P_B 所对应的水柱高度。

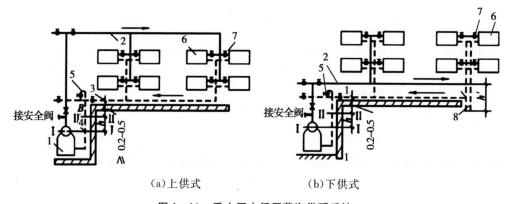

(a)上供式　　　　　　　(b)下供式

图 1-19　重力回水低压蒸汽供暖系统

1-锅炉;2-蒸汽管;3-干式凝结水管;4-湿式凝结水管;5-空气管;6-散热器;7-截止阀;8-水封

重力回水低压蒸汽供暖系统简单,不需要设置占地的凝结水箱和消耗电能的凝结水泵;供汽压力低,只要初调节时调好散热器入口阀门,原则上可以不装疏水器,以降低系统造价。一般重力回水低压蒸汽供暖系统的锅炉位于一层地面以下。当供暖系统作用半径较大,需要采用较高的蒸汽压力才能将蒸汽送入最远的散热器时,图 1-19 中的 h 值也加大,即锅炉的标高将进一步降低。如锅炉的标高不能再降低,则水平凝结水干管内甚至底层散热器内将充满凝结水,空气不能顺利排出,蒸汽不能正常进入系统,从而影响供热质量,系统不能正常运行。因此,重力回水低压蒸汽供暖系统只适用于小型蒸汽供暖系统。

▶▶ 2.机械回水低压蒸汽供暖系统

机械回水低压蒸汽供暖系统的主要特点是供汽表压力 P≤0.07 MPa 及凝结水依靠水泵的动力送回热源重新加热。图 1-20 为中供式机械回水低压蒸汽供暖系统原理图。由蒸汽锅炉输送来的蒸汽沿蒸汽管 1 输送进入散热器 9,散热后凝结水汇集到凝结水箱 6 中,再用凝结水泵 7 沿凝结水管 3 送回热源重新加热。凝结水箱 6 应低于底层凝结水干管 2,管 2 末端插入水箱水面以下。从散热器 9 流出的凝结水靠重力流入凝结水箱 6。空气管 4 在系统工作时排除系统内的空气,在系统停止工作时进入空气。通气管 5 用于排除凝结水箱 6 水面上方的空气。水平凝结水干管仍为干式凝结水管。止回阀 8 用于防止凝结水倒流,保护水泵。疏水器 11 用于排除蒸汽管中的沿途凝结水以减轻系统的水击。机械回水低压蒸汽供暖系统消耗电能,但热源不必设在一层地面以下,系统作用半径较大,适用于较大型的蒸汽供暖系统。

在中供式系统中蒸汽干管位于供给蒸汽的各层散热器的层间。原则上无论是上供式、中供式还是下供式系统都可用于重力回水或机械回水低压蒸汽供暖系统中。由于在上供式系统的立管中蒸汽与凝结水同向流出,有利于防止水击和减少运行时的噪声,从而较其他形式应用较多。

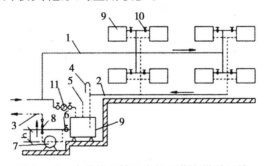

图 1-20 中供式机械回水低压蒸汽供暖系统

1—蒸汽管;2—凝结水管;3—回热源的凝结水管;4—空气管;5—通气管;
6—凝结水箱;7—凝结水泵;8—止回阀;9—散热器;10—截止阀;11—疏水器

(三)高压蒸汽供暖系统

高压蒸汽供暖系统多用于对供暖卫生条件和室内温度均匀性要求不高、不要求调节每一组散热器散热量的生产厂房。高压蒸汽供暖系统的供汽表压力 $p>0.07$ MPa,但一般不超过 0.39 MPa。

一般高压蒸汽供暖系统与工业生产用汽共用汽源,而且蒸汽压力往往大于供暖系统允许最高压力,必须减压后才能和供暖系统连接。高压蒸汽供暖系统原则上也可以采用上供式、中供式或下供式。为了简化系统及防止水击,应尽可能采用上供式,使立管中蒸汽与沿途凝结水同向流动。

图 1-21 为开式上供高压蒸汽供暖系统的示意图。由锅炉房将蒸汽输送到热用户。首先进入高压分汽缸 1,将高压蒸汽分配给工艺生产用汽。高压分汽缸上可分出多个分支,向有不同压力要求的工艺用汽设备供汽。蒸汽经减压阀 4 减压后进入低压分汽缸 3。减压阀设有旁通管 5,供修理减压阀时旁通蒸汽用。安全阀 7 限制进入供暖系统的最高压力不超过额定值。从低压分汽缸 3 上还可以分出许多供汽管,分别供通风空调系统的蒸汽加湿、汽水换热器及蒸汽加热器和用蒸汽的暖风机等用汽设备。系统中设有疏水器 13,将沿途及系统产生的凝结水排到凝结水箱 14 中,凝结水箱上有通气管 16 通大气、排除箱内的空气和二次蒸汽,也因此称为开式系统。凝结水箱中的水由凝结水泵 15 送回凝结水泵站或热源。

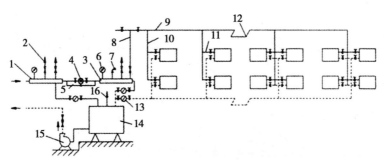

图 1-21 开式上供高压蒸汽供暖系统示意图

1—高压分汽缸;2—工艺用户供汽管;3—低压分汽缸;4—减压阀;5—减压阀旁通管;6—压力表;
7—安全阀;8—供汽主立管;9—水平供汽干管;10—供汽立管;11—供汽支管;12—方形补偿器;
13—疏水器;14—凝结水箱;15—凝结水泵;16—通气管

高压蒸汽供暖系统每一组散热器的供汽支管和凝结水支管上都要安装阀门,用于调节供汽量或关闭散热器,防止修理、更换散热器时高压蒸汽或凝结水汽化产生的蒸汽进入室内。高压蒸汽供暖系统温度高,对管道的热胀冷缩问题应更加重视。图 1-21 中水平供汽干管和凝结水干管上设置方形补偿器 12,用补偿器的变形来吸收管道热胀冷缩时产生的应力,防止管道被破坏。凝结水在流动过程中压力降低,饱和温度也降低。凝结水管管壁的散热量比较小,凝结水压力降低的速率快于焓值降低的速率,凝结水中多余的焓值会使部分凝结水重新汽化变成"二次蒸汽"。在开式系统中二次蒸汽从通气管 16 排出,浪费了能源。在闭式高压蒸汽供暖系统中采用图 1-22 所示的闭式凝结水箱。由补汽管 5 向箱内补给蒸汽,使其内部压力维持在 5kPa 左右(由压力调节器 3 控制)。水箱上设置安全水封 2,防止箱内压力升高、二次蒸汽逸散和隔绝空气,从而减轻系统腐蚀、节省热能。

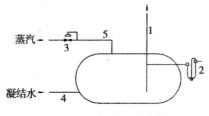

图 1-22　闭式凝结水箱

1—凝结水进入管;2—安全水封;3—压力调节器;4—凝结水排出管;5—补汽管

当工业厂房中用汽设备较多,用汽量大时,凝结水系统产生的二次蒸汽量大,还可以利用二次蒸发箱将二次汽汇集起来加以利用。图 1-23 是设置二次蒸发箱的高压蒸汽供暖系统。高压用汽设备 1 的凝结水通过疏水器 3 进入二次蒸发箱 5。二次蒸发箱设置在车间内 3 m 左右高度处。蒸汽在二次蒸发箱内扩容后产生的二次蒸汽可加以利用。当二次蒸汽量较小时,由高压蒸汽供汽管补充。靠压力调节器 7 控制补汽量,以保持箱内压力在 20～40 kPa(表压力),并满足二次蒸汽热用户的用汽量要求。当二次蒸发箱内二次汽量超过二次蒸汽热用户的用汽量时,二次蒸发箱内压力增高,箱上安装的安全阀 6 开启,排汽降压。

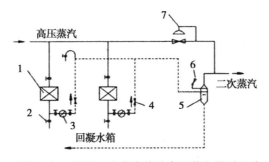

图 1-23　设置二次蒸发箱的高压蒸汽供暖系统

1—高压用汽设备;2—放水阀;3—疏水器;4—止回阀;5—次蒸发箱;6—安全阀;7—压力调节器

第四节 辐射供暖与辐射供冷

一、辐射供暖(供冷)的定义

主要依靠供热(冷)部件与围护结构内表面之间的辐射换热向房间供热(冷)的供暖(供冷)方式称为辐射供暖(供冷)。辐射供暖时房间各围护结构内表面(包括供热部件表面)的平均温度 $t_{s.m}$ 高于室内空气温度 t_R,即

$$t_{s.m} > t_R$$

对流供暖时,$t_{s.m} < t_R$ 这一特征是辐射供暖与对流供暖的主要区别。在国外,辐射供暖用这一特征来对其进行定义,即将供暖房间各围护结构内表面(包括供热部件表面)平均温度高于室内空气温度的供暖方式称为辐射供暖。通常称辐射供暖的供热部件为供暖辐射板。

辐射供冷时房间各围护结构内表面(包括供冷部件表面)的平均温度低于室内空气温度 t_R,即

$$t_{s.m} < t_R$$

辐射供暖(供冷)可以是集中式或局部式;辐射板表面的温度可以为高温或低温。

二、辐射供暖与辐射供冷的特点

(一)辐射供暖

辐射供暖时热表面向围护结构内表面和室内设施散发热量,辐射热量部分被吸收、部分被反射,反射到热表面的部分,还要产生二次辐射,二次辐射最终也被围护结构和室内设施所吸收。辐射供暖同对流供暖相比,提高了围护结构内表面温度(高于房间空气的温度),因而创造了一个对人体有利的热环境,减少了人体向围护结构内表面的辐射换热量,热舒适度增加,辐射供暖正是迎合了人体这一生理特征。辐射供暖同对流供暖相比,提高了辐射换热量的比例,但仍存在对流换热。所提高的辐射换热量的比例与热媒的温度、辐射热表面的位置等有关。各

种辐射供暖方式的辐射换热量在其总换热量中所占的大致比例是：顶面式
70%～75%；地面式 30%～40%；墙面式 30%～60%（随辐射板在墙面上的高度
和板面温度的增加而增加）。从图 1-24 可以看出，只有在顶面式辐射供暖时辐
射换热量占绝对优势，在地面式和墙面式辐射供暖时对流换热量还是占优势。然
而房间的供暖方式不是用哪种换热方式占优势来决定的，而是用整个房间的温度
环境来决定的。

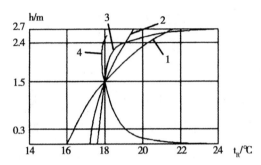

图 1-24 不同供暖方式下沿房间高度室内温度的变化

1—热风供暖；2—窗下散热器供暖；3—顶面辐射供暖；4—地面辐射供暖

辐射供暖时沿房间高度方向温度比较均匀。图 1-24 给出了不同供暖方式
下沿高度室内温度的变化。以房间高 1.5 m 处，空气温度为 18 ℃为基础来进行
比较。图中的热风供暖指的是直接输送并向室内供给被加热的空气的供暖方式。
从图中可以看出，热风供暖时（曲线 1）沿高度方向温度变化最大，房间上部区域
温度偏高，工作区温度偏低。采用辐射供暖（曲线 3 和 4），特别是地面辐射供暖
（曲线 4）时，工作区温度较高。地面附近温度升高，有利于增加人体的舒适度。
设计辐射供暖时相对于对流供暖时规定的房间平均温度可低 1～3 ℃，这一特点
不仅使人体对流放热量增加，增加了人体的舒适度，而且与对流供暖相比，房间室
内设计温度的降低，使辐射供暖设计热负荷减少；房间上部温度增幅的降低，使上
部围护结构传热温差减小，导致实际热负荷减少；供暖室内温度的降低，使冷风渗
透和外门冷风侵入等室内外通风换气的耗热量减少。总之，上述多种因素的综合
作用使辐射供暖可降低供暖热负荷。因此，在正确设计时，辐射供暖可降低供暖
能耗。如果设计不当，如辐射板面积过大、加热管排列过密、热媒温度过高等，将
造成室内温度偏高，辐射供暖不仅不能降低供暖能耗，而且对增加室内的舒适度
和保证人体健康不利。

辐射供暖的特点是利用加热管（通热媒的管道）做供热部件向辐射表面供热。

地板辐射供暖管道埋设在混凝土中,比加热管明装时管道的传热量有较大幅度的增加。主要原因就是利用管外包裹的混凝土或其他材料增加了散热表面积。因而,在相同的供暖设计热负荷下,辐射散热表面的温度可大幅度降低,从而可采用较低温度的热媒,如地热水、供暖回水等。

埋管式供暖辐射板的缺点是要与建筑结构同时安装,容易影响施工进程,如果埋管预制化则可大大加快施工进度。与建筑结构合成或贴附一体的供暖辐射板,热惰性大,启动时间长。在间歇供暖时,热惰性大,使室内温度波动较小,这一缺点此时可变成优点。埋管式供暖辐射板如果用金属管,当接头渗漏时维修困难。采用耐老化、耐腐蚀、承压高、结构轻、阻力小的铝塑复合管等管材,其制造长度可做到埋设部分无接头,易于施工,可实现一个地面供暖辐射板的盘管采用一整根无接头的管子。这些新型管材的生产为埋管式辐射板的应用创造了有利条件。

顶棚式辐射板热惰性小,能隔声,供暖用时可适当提高热媒温度。可在顶棚式辐射板上方敷设照明电缆和通风管道等其他管道,检修时可不破坏建筑结构。其缺点是增加房高。

踢脚板式供暖辐射板贴墙下踢脚线安装。可用于冬季室外气温不太低的地区中商店、展览厅等要求散热设备高度小,以及幼儿园、托儿所等希望贴近地面处温度较高的场所。

大多数辐射板不占用房间有效面积和空间。一些辐射板暗装在建筑结构内而见不到供热(供冷)设备,舒适美观。生产工厂预制的模块式辐射板,可进一步加快施工进度和有利于该项技术的推广。

辐射供暖可用于住宅和公共建筑。当地面辐射供暖用于热负荷大、散热器布置不便的住宅及公共建筑的大厅入口,希望地面温度较高的幼儿园、托儿所,希望脚底有温暖感的游泳池边的地面等。

辐射供暖除用于住宅和公共建筑外,还广泛用于高大空间的厂房、场馆和对洁净度有特殊要求的场合,如精密装配车间等。不宜用于要求迅速提高室内温度的间歇供暖系统和有大面积玻璃幕墙建筑的供暖系统。

电热辐射供暖具有辐射供暖和电供暖的优点:减少空气垂直对流及室内扬尘,水平温度场均匀、舒适;没有直接的燃烧排放物;便于分室、分户调节与控制室内温度;运行简便;占用室内建筑空间少;如用于间歇供暖时室温上升快、停止供暖时无冻坏供暖设备的危险电热辐射。但供暖要消耗高品位的电能,不符合能量逐级应用的原则,运行费用较高。

(二)辐射供冷

辐射供冷系统与辐射供暖系统一样,有多种形式。原则上,辐射板也可有整体式、贴附式和悬挂式。既可用于民用建筑供冷,也可用于工业建筑降温。但目前见得最多的是顶面式辐射板——冷却吊顶。这种辐射供冷方式施工安装和维护方便,不影响室内设施的布置,不易破坏辐射板,也不易影响其供冷效果。冷却吊顶辐射供冷系统近年来在欧洲发展十分迅速。由于冷却吊顶从房间上部供冷,可降低室内垂直温度梯度,避免"上热下冷"的现象。因此,这种供冷方式能为人们提供较高的舒适感。但为了防止冷却吊顶表面结露,其表面温度必须高于室内露点温度。因此,冷却吊顶无除湿功能,不宜单独应用,通常与新风(经冷却去湿处理后的室外空气)系统结合在一起应用。新风系统用来承担房间的湿负荷(潜热负荷),同时又满足了人们对室内新风的需求。

三、辐射供暖与辐射供冷系统

(一)热水辐射供暖系统

热水辐射供暖系统的管路设计如同热水供暖系统,可采用上供式或下供式,也可采用单管或双管系统。墙面或窗下供暖辐射板可采用单管系统、双管系统或双线系统,但是,如为窗下供暖辐射板时只在房间窗下部分墙面上设置加热管即可。地面供暖辐射板、顶面供暖辐射板及地面——顶面供暖辐射板应采用双管系统,以利于调节和控制。供暖辐射板水平安装时,其加热管内的水流速不应小于0.25m/s,以便排气。应设放气阀和放水阀。图1-25表示了下供上回双管系统中的辐射板与管路连接方式。此系统有利于排除供暖辐射板中的空气。供暖辐射板1并联于供水立管2和回水立管3之间,可用阀门4独立地关闭,用放水阀5放空和冲洗。

还可以只在建筑物的个别房间(例如公用建筑的进厅)装设混凝土供暖辐射板。在这种情况下热水供暖系统的设计供回水温度根据建筑物主要房间的供暖条件确定。个别房间如安装窗下供暖辐射板,可连到供水管上;如安装顶面、地面供暖辐射板,可连到回水管上。图 1-26 给出了一个大厅两块地面供暖辐射板 1 连到热水供暖系统回水干管 6 上的情况。从回水干管 6 来的供暖系统回水温度比较低,正好适合地面供暖辐射板要求热媒温度较低的条件,经辐射板散热后再流回热源。不仅美观、充分利用了回水的能量,而且解决了一层大厅需要散热器面积多、布置困难的问题。集气罐 2 用于集气和排气,旁通管上的阀门 7 可调节进入辐射板的流量,温度计 3 显示辐射板的供热情况。此外,还可以在房间的部分顶板、部分地面布置供暖辐射板。这种情况下一般沿房间顶板或地面的周边、顶板或地面靠外墙处布置供暖辐射板。

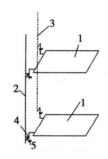

图 1-25　下供上回双管系统中的地面一顶面供暖辐射板

1一地面一顶面供暖辐射板;2一供水立管;3一回水立管;4一关闭调节阀;5一放水阀

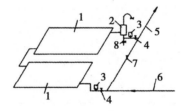

图 1-26　地面供暖辐射板与回水干管的连接

1一地面供暖辐射板;2一集气罐;3一温度计;4一阀门;5一回热源的回水干管;

6一来自供暖系统的回水干管;7一旁通管上的调节阀;8一放水阀

供暖辐射板本身阻力大($100 \sim 500$ kPa),是此类系统不易产生水力失调的基本原因之一。供暖辐射板作为末端装置,其阻力损失比散热器大得多,而且不同的辐射板阻力损失差别较大,因此,在一个供暖系统中宜采用同类供暖辐射板,否则,应有可靠的调节措施及调节性能好的阀门调节流量。

辐射供暖系统的最大工作压力不应大于加热管的最大承压能力。对热水系统而言,最大工作压力一般发生在系统的底层。低温热水地板辐射供暖系统的工作压力不宜大于 0.8 MPa,当超过上述压力时,应采取相应的措施。例如,采用竖向分区式热水供暖系统。

(二)冷却吊顶的水系统

冷却吊顶又称冷却顶板。冷却吊顶的传热有两种形式,即辐射和自然对流。两者的传热比例取决于顶板的结构形式及顶板附近的空气流动方式。当冷却吊顶下面的冷辐射面为封闭式时,两者的比例大约为 1∶1;而冷辐射面为开敞式或辐射面上有贯通的气流通道的对流冷却吊顶,对流换热的比例则要大得多,供冷量也较大。

由于冷却吊顶供冷通常与新风系统结合在一起应用,因此,在给冷却吊顶系统提供冷冻水的同时,须考虑新风的处理方案。新风系统的主要任务是承担房间的湿负荷,需对新风进行除湿,以获得比较干燥的空气供给房间。除湿的方法可以用温度较低的冷冻水对空气进行冷却除湿处理,也可以采用吸收式或吸附式进行除湿。当新风系统也需由冷水机组提供冷量时,必须同时考虑冷却吊顶系统和新风系统对水系统有以下不同的要求。

(1)为了避免冷却吊顶表面结露,冷却吊顶要求的供水温度比较高,而新风系统的供水温度因除湿的要求要比冷却吊顶低得多。冷却吊顶的表面温度应比室内的露点温度高 1～2 ℃,需根据冷却吊顶的结构形式与室内的设计参数来确定供水温度。一般情况下,冷却吊顶的供水温度在 14～18 ℃之间,实际设计中,多采用 16 ℃。新风系统的供水温度一般为 6～7 ℃。

(2)一般来说,冷却吊顶供、回水温差为 2 ℃,而新风系统的供、回水温差一般为 5 ℃。满足上述两条要求的系统形式有多种,下面介绍两种典型的系统。图 1-27 为冷水机组供冷和冷却塔供冷相结合的水系统。图中冷水机组(由 2 和 3 构成)制备 6～7 ℃的冷冻水并直接供新风系统使用;6～7 ℃冷冻水再通过水—水板式换热器 4 将 18 ℃的水冷却到 16 ℃,供冷却吊顶系统使用。当室外温度适宜时,可停止使用 6～7 ℃的冷冻水,而利用冷却塔 8 进行自然供冷。由于采用开式冷却塔,冷却水易被污染。因此,让冷却水通过板式换热器来提供冷却吊顶 1 的用水。由图 1-27 可知,冷却吊顶的冷水系统实际上是独立系统,它的供水温度可通过控制流经板式换热器的冷冻水(或冷却水)的流量来调节。冷却吊顶的供冷量通过电动阀 11 控制(开或关)冷水流量来调节。该系统的优点是可以利用冷却塔提供的自然冷量。

图 1-28 为用混合法制备冷却吊顶冷媒的水系统。新风系统和冷却吊顶水系统分别为两个回路,每个回路上设置各自的循环水泵 4 和 5,以满足新风系统和

冷却吊顶系统对供、回水温度的不同要求。由冷水机组 2 统一提供 6～7 ℃的冷冻水。其中一部分直接供新风系统使用，即新风的水系统回路；另一回路为冷却吊顶 1 的水系统回路，其供水温度通过由三通电动调节阀 8 调节 6～7 ℃的冷冻水与冷却吊顶的回水的混合比来达到。冷却吊顶的供冷量由水路上的电动阀 7 控制（开或关）。

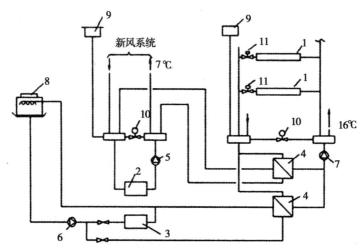

图 1-27　冷水机组供冷和冷却塔供冷相结合的冷却吊顶水系统图

1—冷却吊顶；2—冷水机组蒸发器；3—冷水机组冷凝器；4—水—水板式换热器；

5—冷冻水循环水泵；6—冷却水循环水泵；7—冷却吊顶系统冷媒循环水泵；

8—开式冷却塔；9—膨胀水箱；10—压差调节阀；11—电动阀

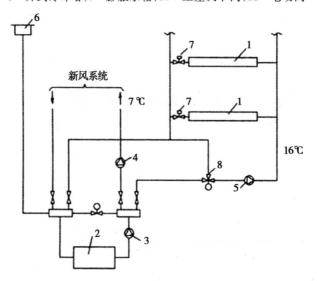

图 1-28　用混合法制备冷却吊顶冷媒的水系统图

1—冷却吊顶；2—冷水机组；3—冷水机组循环水泵；4—新风系统循环水泵；

5—冷却吊顶系统循环水泵；6—膨胀水箱；7—电动阀；8—三通电动调节阀

　　上述两个水系统形式,新风系统(或其他系统,例如风机盘管系统)和冷却吊顶都采用了同一冷源(冷水机组),它只能按照要求最低的冷冻水供水温度运行,而要求温度较高的冷却吊顶系统的冷水只能靠二次换热或混合的办法来获得。无法用提高冷水机组的蒸发温度来实现节能运行。为此,可以把冷却吊顶系统与新风系统分设为两个独立的闭式水系统。利用两套独立的制冷系统分别向新风机组和冷却吊顶供冷冻水。这样,冷却吊顶水系统的冷水机组供水温度可提高,从而提高了该冷水机组的性能系数,耗电量减少。但是应注意,目前生产的冷水机组的冷冻水流量是按无温差设计的,而冷却顶板的供、回水温差为 2 ℃,因此,还应采取图 1-28 中的技术措施。不过,冷水机组可提供 13 ℃ 左右的冷冻水,通过三通阀调节冷却吊顶的回水量可使供水温度达到 16 ℃,在这种系统中,可以与图 1-27 一样利用冷却水的自然冷量。冷却吊顶与新风分设为两个独立水系统的缺点是要增加冷源设备和初投资。当新风采用吸收式或吸附式除湿,而不需要冷水机组提供的制冷量时,冷却吊顶可由独立的冷水机组提供冷冻水。

第二章 建筑通风及防排烟

第一节 建筑室内的环境污染

在日常的生活和工作中,人们绝大部分时间都是在室内度过的,因而室内环境对人们的健康和工作效率有着直接而深层的影响。而室内环境污染物的种类与浓度和建筑结构、建筑功能、建筑材料、建筑所处气候、建筑外部污染源分布等因素密切相关。

民用建筑中,通常室内某一种污染物的浓度不高,但由于多种污染物共同存在,多因素同时作用于人体,对健康产生的危害往往比单一因素要复杂得多;而且不同年龄阶段对环境污染的敏感度是不一样的,处于生长发育中的儿童和身体机能较弱的中老年更容易受到室内污染物的危害。

对于工业生产场所,室内空气环境污染的危害则更多地表现为从业人员职业性疾病的发生。影响较大的群发性职业健康损害事件主要有 3 种类型。

第一,群发性、速发型矽肺病,主要发生在矿山开采、隧道施工、石英砂(粉)加工等行业或领域。

第二,群发性、急慢性职业中毒,为有机溶剂污染导致,多发生在使用有机溶剂的行业,例如箱包、制鞋和电子行业。

第三,部分重金属导致的急慢性职业健康损害,主要发生在原辅材料使用到重金属的电池制造等行业。

职业病的发生通常有一定的潜伏期,例如尘肺、慢性职业中毒、噪声聋、职业性肿瘤等,从劳动者接触危害因素到发病通常有 10～30 年的潜伏期。

因此,无论是民用建筑还是工业生产场所,控制室内环境污染,对保护国民身体健康都至关重要。对室内不可避免放散的有害或污染环境的物质,必须采取适当有效的预防、治理和控制措施,使其达到相关环境质量标准和排放标准,满足人们对室内环境的要求。

根据室内污染物的性质,通常可以将室内污染物大致分为化学性污染、物理性污染、生物性污染等类型。

一、化学性污染物

(一)悬浮颗粒物

空气中的悬浮颗粒物可以说是最常见的空气污染物,主要来源于室外和生产过程,矿物燃料的燃烧,机械工业中的铸造、磨削与焊接工序的工作过程,建材工业中原料的粉碎、筛分、运输,化工行业中的生产过程,物质加热时产生的蒸汽在空气中凝结或被氧化的过程,以及人员行走、吸烟等。

所谓的悬浮微粒是指分散在大气中的各种固态或液态微粒,通常包括烟气、大气尘埃、纤维性粒子及花粉等。烟气是燃料和其他物质燃烧和热解的产物,由凝聚性固态微粒和固态及液态粒子凝集成的微粒组成,通常由不完全燃烧所形成的炭黑颗粒、多环芳烃化合物和飞灰等物质构成,空气动力学粒径范围约为 0.01 ～1 μm。大气尘埃是指能在空气中悬浮的、粒径大小不等的固体微粒,是分散在气体中固体微粒的通称。所有固态分散性微粒都可称为灰尘,空气动力学粒径为 10～200 μm 的又称为降尘,空气动力学粒径在 10 μm 以下的称为可吸入颗粒物 PM10。较大的悬浮颗粒物,如灰尘、棉絮等,可以被上呼吸道过滤掉。而可吸入颗粒物被人吸入后,会累积在呼吸系统中,引发许多疾病。其中,粗颗粒物可侵害呼吸系统,诱发哮喘病;细颗粒物可能引发心脏病、肺病、呼吸道疾病,降低肺功能等;含汞、砷、铅等的粉尘进入人体后,会引起中毒以致死亡;无毒粉尘被吸入人体后,会在肺内沉积,发生矽肺病。粉尘的物理化学活性越大,进入人体的深度越深,对人体的危害越大。

(二)无机化学物质

由于燃料、烟草的燃烧以及烹调油烟等活动,会产生大量的 CO、CO_2、NO、SO_2、臭氧等气态无机化学物质,这些气态污染物是造成肺炎、支气管炎和肺癌的主要原因。

▶▶ 1. 碳氧化物

碳氧化物 CO 和 CO_2 是各种大气污染物中发生量最大的一类污染物。CO 是一种窒息性气体,由于它与血红蛋白的结合能力比 O_2 的结合能力大 $200 \sim 300$ 倍,所以,CO 浓度较高时,会阻碍血红蛋白与 O_2 的结合而影响人体内的供氧,轻者会产生头痛、眩晕,重者会导致死亡。CO_2 是无毒气体,但当其在大气中的浓度过高时,使氧气含量相对减小,会对人体产生不良影响。

▶▶ 2. 硫氧化物

硫氧化物主要有 SO_2 和 SO_3,是大气污染物中较常见的一种气态污染物。SO_2 是无色、有硫酸味的强刺激性气体,是一种活性毒物,可以溶解于水滴中形成亚硫酸,进而被空气氧化成硫酸烟雾,它刺激人的呼吸系统,是引起肺气肿和支气管炎发病的原因之一。SO_2 主要来源于各种含硫煤炭等物质的燃烧,而 SO_3 通常需要在一定的化学反应条件下产生。

▶▶ 3. 氮氧化物

氮氧化物主要有 NO 和 NO_2。NO 毒性不太大,但在大气中可被氧化成 NO_2。NO_2 的毒性为 NO 的 5 倍,它对呼吸器官具有强烈的刺激作用,使人体细胞膜损坏,导致肺功能下降,引起急性哮喘病、肺气肿和肺瘤。在自然环境中,它们能够和水等反应形成亚硝酸和亚硝酸盐,进一步被氧化成硝酸盐。此外,氮氧化物在强紫外线的作用下,可以与环境中的碳氢化合物发生化学反应,形成浅蓝色的光化学烟雾。

▶▶ 4. 氨

氨对皮肤组织、上呼吸道有腐蚀作用,造成流泪、咳嗽、呼吸困难,严重时可发生呼吸窘迫综合征,还可通过三叉神经末梢反射作用引起心脏停搏和呼吸停止,通过肺泡进入血液破坏其携氧功能。由于卫生设施的通风不合理会导致室内氨不能及时排到室外。而建筑施工中使用了高碱混凝土膨胀剂和含尿素的混凝土防冻剂,随着温度、湿度等环境因素的变化而还原成氨气逐步释放出来,也会造成室内空气中氨的浓度增高。

▶▶ 5. 臭氧(O_3)

臭氧是一种刺激性气体,具有强氧化性。臭氧对眼睛、黏膜和肺组织都具有刺激作用,能破坏肺的表面活性物质,并能引起肺水肿、哮喘等。由于强氧化性,臭氧可加速轮胎等橡胶、塑料制品的老化。自然环境中,在强紫外线的作用下,O_2可转化成O_3。而室内的电视机、复印机、激光印刷机、负离子发生器等设备,由于工作过程中高电压的作用也会在室内产生少量O_3。

▶▶ 6. 汞蒸气

汞蒸气是一种剧毒物质,通过使蛋白质变性来杀死细胞而损坏器官。长期与汞接触,会损伤人的口腔和皮肤,还会引起神经方面的疾病。当空气中汞浓度大于 0.0003 mg/m³时,就会发生汞蒸气中毒现象。汞中毒的典型症状为易怒、易激动、失忆、失眠、发抖。汞蒸气污染主要出现在一些与汞有关的储存与生产活动场所。

▶▶ 7. 铅蒸气

铅蒸气能够与细胞内的酵酸蛋白质及某些化学成分反应而影响细胞的正常生命活动,降低血液向组织的输氧能力,导致贫血和中毒性脑病。除了在有些与铅有关的化工业存在含铅污染外,由于之前在汽油中使用四乙基铅作为防爆的稳定剂,在交通尾气中也会存在含铅污染物质。但我国已全面停止使用含铅汽油,全国强制实现了车用汽油的无铅化。世界上大多数国家都积极进行汽油无铅化,推广使用无铅化汽油。

(三)挥发性有机物(VOC)

室内挥发性有机化合物是指沸点在 50～250 ℃、室温下饱和蒸气压超过133.32Pa、在常温下以蒸气形式存在于空气中的一大类有机化合物的总称。按其化学结构可分为八类,即烷类、芳烃类、烯类、卤烃类、酯类、醛类、酮类和其他。

VOC 具有相对强的活性,是一种性质比较活泼的气体,导致它们在大气中既可以以一次挥发物的气态存在,又可以在紫外线照射下,与PM10 颗粒物发生物理化学反应,生成为固态、液态或二者并存的二次颗粒物存在,且参与反应的这些化合物寿命相对较长,可以随着风吹雨淋等天气变化,或者飘移扩散,或者进入水和土壤中,污染环境。当居室中 VOC浓度超过一定浓度时,在短时间内人们感到头痛、恶心、呕吐、四肢乏力;严重时会抽搐、昏迷、记忆力减退。VOC伤害人的肝脏、肾脏、大脑和神经系统。近年来,居室内 VOC 污染已引起各国重视。VOC 对人体健康的影响主要是刺激眼睛和呼吸道,使皮肤过敏,使人产生头痛、咽痛与乏力,其中还包含了很多致癌物质。

室外挥发性有机物主要来自燃料燃烧和交通运输产生的工业废气、汽车尾气等。室内则主要来自燃煤和天然气等的燃烧产物,吸烟、采暖和烹调等的烟雾,建筑和装饰材料、家具、家用电器和清洁剂等。生产场所则主要来自有机工业原料的分解、有机溶剂的挥发以及有机化学反应过程等。

二、物理性污染物

物理性污染是指由物理因素引起的环境污染,如放射性辐射、电磁辐射、噪声、光污染等。越来越多的现代化办公设备和家用电器进入家庭,由此产生的噪声污染、电磁辐射及静电干扰等给人们的身体健康带来不可忽视的影响。

(一)热湿污染

热湿污染是指现代工业生产和生活中排放的废热废水所造成的大气和水体环境污染。排放的热和湿会直接影响到排放点周围的温度和湿度,过高的温度和湿度的改变会导致原有的生态系统的破坏,环境舒适度降低,金属制品生锈和橡胶制品寿命缩短等。

生产设备和办公设备等在使用过程中会散发大量的热量。机动车行驶和空调在使用过程中会向室外空气中排放大量的热量,使城市的气温高于郊区、农村的气温。热电厂、核电站、炼钢厂以及石油、化工、造纸等工业生产所排放的生产性废水中均含有大量废热,会造成水体温度升高,溶解氧减少,改变排放地周围的整个生态环境,影响附近的鱼类、植物等生存。而工业生产中,各种工业炉和其他加热设备、热材料和热成品等散发的大量热量,浸泡、蒸煮设备等散发的大量水蒸气,是车间内余热和余湿的主要来源。

(二)放射性物质

氡是自然界中唯一的天然放射性惰性气体,无色、无味,熔点为 -71 ℃,沸点 -61.8 ℃,半衰期为 3.82 天,它最稳定的同位素是 ^{222}Rn。氡溶于水和脂肪,极易进入人体呼吸系统,过量照射可能造成放射性损伤。由室内氡及其子体引起的肺癌占肺癌总发病的 10%,潜伏期在 15 年以上。

氡气由镭衰变产生,常存在于天然岩石和深层土壤中。由于地质历史和形成条件不同,地基土壤、花岗岩、水泥、石膏、部分天然石材等物质中,可能含有氡气。生活消费品如玻璃、陶瓷、建筑材料等黏土和矿物制成品中也可能存在放射性物质。制作瓷砖、洗面盆和抽水马桶等的建筑陶瓷,主要是由黏土、沙石、矿渣、工业废渣以及一些天然辅料等材料成型涂釉经烧结而成的,可能含有钍、镭、钾等放射性元素。而为了使釉面砖表面光洁、易于清洗、避免侵蚀,在釉面砖材料中加入锆英砂作为乳浊剂,因此彩釉砖成品表面的氡析出率比普通建材高。合格建材中的天然方射性核素不会对人体造成影响。

(三)电磁辐射

各种家中常用电器、高压线、变电站、电台、电视台、雷达站、电磁波发射塔、医疗设备、办公自动化设备等电子产品在使用过程中都会发射多种不同波长和频率的电磁辐射。随着越来越多的电子、电气设备投入使用,使得各种频率不同能量的电磁波充斥着地球的每一个角落乃至辽阔的宇宙空间。

电磁辐射作为一种看不见、摸不着的污染日益受到各界的关注,被人们称为"隐形杀手"。电磁辐射可以穿透包括人体在内的多种物质,在长期超过安全辐射剂量的暴露下,会杀伤或杀死人体细胞,导致人体循环、免疫、生殖系统的功能紊乱,还会诱发癌症。

(四)噪声

噪声可引起耳鸣、耳痛和听力损伤,长期接触噪声可使体内肾上腺素分泌增加,从而使血压升高。家庭噪声是造成儿童聋哑的病因之一。生活在高速公路旁的居民,患心肌梗死的概率增加了 30% 左右。高噪声的工作环境可使人出现头晕、头痛、失眠、多梦、全身乏力、记忆力减退以及恐惧、易怒,引起神经系统功能紊乱、精神障碍、内分泌紊乱甚至事故率升高。当噪声强度达到 90 dB 时,人的视觉细胞敏感性下降,识别弱光反应时间延长。当噪声达到 115 dB 时,多数人的眼球对光亮度的适应都有不同程度的减弱。噪声还会使色觉、视野发生异常。

居室环境中的噪声除来自交通运输噪声、工业机械噪声、城市建筑噪声、社会生活和公共场所噪声外,家用电器也会产生噪声污染。据检测,家庭中电视机、音响设备所产生的噪声可达 60～80 dB,洗衣机为 42～70 dB,电冰箱为 34～50 dB。

三、生物性污染物

室内常见的生物性污染物有植物花粉、真菌和尘螨,由人体、动物、土壤和植物碎屑携带的细菌和病毒,宠物(猫、狗、鸟类或其他小动物)等身上脱落的毛发和皮屑等。

而室内空气中的细菌总数一般远高于室外空气。不同用途的建筑物和不同人口密度的室内,空气中细菌的数量相差很大。在通风不良、人员拥挤的室内环境中,除大气中存在的一些微生物,如非致病性的腐生微生物、芽孢杆菌属、无色杆菌属、细球菌属以及一些放线菌、酵母菌和真菌等外,也可能存在来自人体的某些病原微生物,如结核杆菌、白喉杆菌、溶血性链球菌、金黄色葡萄球菌、脑膜炎球菌、感冒病毒、麻疹病毒等。

尘螨是一种类似蜘蛛及扁虱的生物,适宜在 20～30 ℃、75%～85% 的空气不流通的环境中生长,主要在床垫、枕头、寝具、地毯、柔软饰品及衣物中繁殖。尘螨本身及其排泄物是强烈的致敏原,由于尘螨很轻,容易飘浮到空气中而引起哮喘、过敏性鼻炎、过敏性皮炎等。而猫、狗等宠物的皮屑和毛也是致敏原。

病毒和细菌等微生物可以附着于悬浮颗粒物上传播,是传染病的来源。其中真菌滋生于潮湿阴暗的土壤、水体、空调设备中。空调机内储水且温度适宜,会成为某些细菌、真菌、病毒的繁殖滋生地。浴帘、窗台及地下室等则是真菌易于生长的地方。军团肺原菌是一种普遍存在的嗜水性需氧细菌,可通过风道、给水系统进入室内空气。

第二节　通风方式

一、通风的分类

通风就是采用自然或机械方法使风可以无阻碍到达房间或密封的环境内,被污染的空气可以直接或经净化后排出室外,使室内达到符合卫生标准及满足生产工艺的要求,以营造卫生、安全等适宜空气环境的技术。通风是一种经济有效的环境控制手段,当建筑物存在大量余热、余湿和有害物质时,应优先使用通风措施加以消除。

建筑通风应从总体规划、建筑设计和工艺等方面采取有效的综合预防和治理措施。对通风过程中不可避免放散的有害或污染环境的物质,在排放前必须采取通风净化措施,并达到国家有关大气环境质量标准和各种污染物排放标准的要求。通风系统可以按照通风系统的作用范围和作用动力进行分类。

(一)按通风系统作用范围分

▶▶ 1. 全面通风

全面通风是对整个房间进行通风换气,用送入室内的新鲜空气把房间里的有害物浓度稀释到卫生标准的允许浓度以下,同时把室内被污染的空气直接或经过净化处理后排放到室外大气中去。

▶▶ 2. 局部通风

局部通风是采用局部气流,使工作地点不受有害物的污染,从而营造良好的局部工作环境。与全面通风相比,局部通风除了能有效地防止有害物质污染环境和危害人们的身体健康外,还可以大大减少排出有害物所需的通风量。

(二)按照通风系统的作用动力分

▶▶ 1. 自然通风

自然通风是利用室外风力造成的风压以及由室内外温度差和高度差产生的热压使空气流动的通风方式。其特点是结构简单、不用复杂的装置和消耗能量,是一种经济的使空气流动的通风方式,应优先采用。

▶▶ 2. 机械通风

机械通风是依靠风机提供动力使空气流动,散发大量余热、余湿、烟味、臭味以及有害气体等的。无自然通风条件或自然通风不能满足卫生要求的,或是人员停留时间较长且房间无可开启的外窗的房间或场所应设置机械通风。

二、自然通风

自然通风对改善人员活动区的卫生条件是最经济有效的方法,应优先利用自然通风控制室内污染物浓度和消除建筑物余热、余湿。对采用自然通风的建筑,应同时考虑热压以及风压的作用,对建筑进行自然通风潜力分析,并依据气候条件设计自然通风策略。

(一)自然通风作用原理

当建筑物外墙上的窗孔两侧存在压力差时,压力较高一侧的空气将通过窗孔流到压力较低的一侧。设空气流过窗孔的阻力为 Δp,由伯努利方程:

$$\Delta p = \xi \frac{\rho v^2}{2} \qquad (2-1)$$

式中 Δp——窗孔两侧的压力差,Pa;

$\quad p$——空气的密度,kg/m^3;

$\quad v$——空气通过窗孔时的流速,m/s;

$\quad \zeta$——窗口的局部阻力系数。

通过窗口的空气量可表示为:

$$L = vF = F \sqrt{\frac{2\Delta p}{\xi \rho}} \qquad (2-2)$$

式中 L——窗口的空气流量,m^3/s;

$\quad F$——窗口的面积,m^2。

(二)热压作用下的自然通风

设有一建筑物如图(2-1所示,在建筑物外墙上开有窗孔 a、b,两窗孔之间的高度差为 h。假设开始时两窗孔外面的静压分别为 p_a、p_b,两窗孔里面的静压分别为 p'_a、p'_b,室内外的空气温度和密度分别是 t_n、t_w 和 p_n、p_w,当 $t_n > t_w$ 时,$p_n < p_w$。

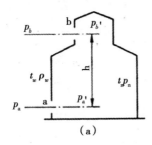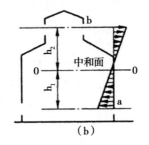

图(2-1　热压作用下的自然通风

(a)热压作用原理;(b)余压沿外墙高度上的变化规律

如果首先关闭窗孔 b,仅打开窗孔 a,由于窗孔 a 内外的压差使得空气流动,室内外的压力会逐渐趋于一致。当窗子 a 内外的压差 $\Delta p_a = p_a' - p_a = 0$ 时,空气停止流动。由流体静力学原理,窗子 b 内外两侧的压差则可表示为

$$\Delta p_b = p_b' - p_b = (p_a' - gh\rho_n) - (p_a - gh\rho_w)$$
$$= (p_a' - p_a) + gh(\rho_w - \rho_n)$$
$$= \Delta p_a + gh(\rho_w - \rho_n) \tag{2-3}$$

式中 Δp_a——窗孔 a 内外两侧的压差,Pa;

Δp_b——窗孔 b 内外两侧的压差,Pa;

g——重力加速度,m/s²。

由式(2-3)可知,当与 $\Delta p_a = 0$ 时,由于 $t_n > t_w$,所以 $p_n < p_w$,因此窗孔 b 内外两侧的压差 $\Delta p_b > 0$,这时打开窗孔 b,室内空气就会在压差作用下向室外流动。

从上述分析可知,在同时开启窗孔 a、b 的情况下,随着室内空气从窗孔 b 向室外流动,室内静压会逐渐减小,窗孔 a 内外两侧的压差 Δp,将从最初等于零变为小于零。这时,室外空气就会在窗孔 a 内外两侧压差的作用下,从窗孔 a 流入室内,直到从窗孔 a 流入室内的空气量等于从窗孔 b 排到室外的空气量时,室内静压才保持为某个稳定值。

把公式(2-3)移项整理,窗子 a、b 内外两侧压差的绝对值之和可表示为

$$\Delta p_b + (-\Delta p_a) = \Delta p_b + |\Delta p_a| = gh(\rho_w - \rho_n) \tag{2-4}$$

式(2-4)表明,窗孔 a、b 两侧的压力差是由 $gh(\rho_w - \rho_n)$ 所造成,其大小与室内外空气的密度差 $(\rho_w - \rho_n)$ 和进、排风窗孔的高度差 h 有关,通常把 $(\rho_w - \rho_n)$ 称为热压。

在自然通风的计算中,把围护结构内外两侧的压差称为余压。余压为正,窗孔排风;余压为负,窗孔进风。如果室内外空气温度一定,在热压作用下,窗孔两

侧的余压与两窗孔间的高差呈线性关系,且从进风窗孔 a 的负值沿外墙逐渐变为排风窗孔 b 的正值。即是在某个高度 0-0 平面的地方,外墙内外两侧的压差为零,这个平面称为中和面。位于中和面以下窗孔是进风窗,中和面以上的窗孔是排风窗。

对于室内发热量较均匀、空间形式较简单的单层大空间民用建筑,可采用简化计算方法确定热压作用的通风量,其室内设计温度宜控制在 12～30 ℃。简化计算方法为

$$G = 3600 \frac{Q}{c(t_p - t_{wf})} \tag{2-5}$$

式中 G——热压作用的通风量,k/h;

Q——室内的全部余热,kW;

c——空气比热容,1.01kJ/(kg·K);

t_p——排风温度,K;

t_{wf}——夏季通风室外计算温度,K。

对于住宅和办公建筑中,考虑多个房间之间或多个楼层之间的通风,则可采用网络法进行计算。而对于建筑体型复杂或室内发热量明显不均的建筑,可按 CFD 数值模拟方法确定。

(三)风压作用下的自然通风

由于建筑物的阻挡,建筑物周围的空气压力将发生变化。在迎风面,空气流动受阻,速度减小,静压升高,室外压力大于室内压力。在背风面和侧面,由于空气绕流作用的影响,静压降低,室外压力小于室内压力。与远处未受干扰的气流相比,这种静压的升高或降低称为风压。静压升高,风压为正,称为正压;静压降低,风压为负,称为负压。具有一定速度的风由建筑物迎风面的门窗吹入房间内,同时又把房间中的原有空气从背风面的门、窗压出去(背风面通常为负压)。

建筑物周围的风压分布与该建筑的几何形状和室外风向有关。风向一定时,建筑物外围结构上某一点的风压值 p_f 可根据式(2-6)计算:

$$p_f = k \frac{v_w^2}{2} \rho_w \tag{2-6}$$

式中：p_f——风压，Pa；

k——空气动力系数；

v_w室外空气流速，m/s；

p_w——室外空气密度，kg/m³。

民用建筑风压作用的通风量应按过渡季和夏季的自然通风量中的最小值确定，而室外风向应按计算季节中的当地室外最多风向确定，室外风速按基准高度室外最多风向的平均风速确定。当采用 CFD 数值模拟时，应考虑当地地形条件下的梯度风影响。值得注意的是，仅当建筑迎风面与计算季节的最多风向成45°～90°时，该面上的外窗或开口才可作为进风口进行计算。

（四）热压和风压同时作用下的自然通风

在大多数工程实际中，建筑物中热压和风压的作用是很难分隔开来的。在风压和热压共同作用的自然通风中，通常热压作用的变化较小，风压的作用随室外气候变化较大。当建筑物受到风压和热压的共同作用时，在建筑物外围护结构各窗孔上作用的内外压差等于其所受到的风压和热压之和。

建筑的自然通风量受室内外温差，室外风速、风向，门窗的面积、形式和位置等诸多因素的制约，拟采用自然通风为主的建筑物，应依据气候条件优化建筑设计。

民用建筑在利用自然通风设计时，应符合下列规定。

第一，利用穿堂风进行自然通风的建筑，其迎风面与夏季最多风向宜成60°～90°，且不应小于45°。建筑群宜采用错列式、斜列式平面布置形式以替代行列式、周边式平面布置形式。

第二，自然通风应采用阻力系数小、易于操作和维修的进排风口或窗扇。

第三，夏季自然通风用的进风口，其下缘距室内地面的高度不应大于 1.2 m；冬季自然通风用的进风口，当其下缘距室内地面的高度小于 4 m 时，应采取防止冷风吹向人员活动区的措施。

第四，采用自然通风的生活、工作的房间的通风开口有效面积不应小于该房间地板面积的 5%；厨房的通风开口有效面积不应小于该房间地板面积的 10%，并不得小于 0.60 m²。

工业建筑在利用自然通风的设计时，应符合下列规定。

第一，厂房建筑方位应能使室内有良好的自然通风和自然采光，相邻两建筑物的间距一般不宜小于二者中较高建筑物的高度。高温车间的纵轴宜与当地夏季主导风向相垂直，当受条件限制时，其夹角不得小于 45°，使厂房能形成穿堂风或能增加自然通风的风压。高温作业厂房平面布置呈 L 形、Ⅱ 形或 Ⅲ 形的，其开口部分宜位于夏季主导风向的迎风面。

第二，以自然通风为主的高温作业厂房应有足够的进风、排风面积。产生大量热气、湿气、有害气体的单层厂房的附属建筑物占用该厂房外墙的长度不得超过外墙全长的 30%，且不宜设在厂房的迎风面。

第三，夏季自然通风用的进气窗的下端距地面不宜大于 1.2 m，以便空气直接吹向工作地点。冬季需要自然通风时，应对通风设计方案进行技术经济比较，并根据热平衡的原则合理确定热风补偿系统容量，进气窗下端一般不宜小于 4 m。若小于 4 m 时，宜采取防止冷风吹向工作地点的有效措施。

第四，以自然通风为主的厂房，车间天窗设计应满足卫生要求：阻力系数小，通风量大，便于开启，适应不同季节要求，天窗排气口的面积应略大于进风窗口及进风门的面积之和。

第五，高温作业厂房宜设有避风的天窗，天窗和侧窗宜便于开关和清扫。热加工厂房应设置天窗挡风板，厂房侧窗下缘距地面不宜高于 1.2 m。

此外，结合优化建筑设计，还可通过合理利用各种被动式通风技术强化自然通风。当常规自然通风系统不能提供足够风量的时候，可采用捕风装置加强自然通风。当采用常规自然通风难以排除建筑内的余热、余湿或污染物时，可采用屋顶无动力风帽装置，而无动力风帽的接口直径宜与其连接的风管管径相同。当建筑物不能很好地利用风压或者浮升力不足以提供所需风量的时候，可采用太阳能诱导等通风方式。由于自然通风量很难控制和保证，存在通风效果不稳定的问题，在应用时应充分考虑并采取相应的调节措施。

三、机械通风

依靠通风机的动力使室内外空气流动的方式称为机械通风。当自然通风不能满足要求时，应采用机械通风，或自然通风和机械通风相结合的复合通风方式。相对自然通风而言，机械通风需要消耗电能，风机和风道等设备会占用一部分面积和空间，初投资和运行费用较大，安装管理较为复杂。而机械通风的优点也是非常明显,机械通风作用压力的大小可根据需要由所选的不同风机来保证,可以通过管道把空气按要求的送风速度送到任意指定的地点,可以从任意地点按要求的排风速度排除被污染的空气,可以组织室内气流的方向,可以根据需要调节通风量和获得稳定通风效果,并根据需要对进风或排风进行各种处理。按照通风系统应用范围的不同,机械通风可分为局部通风和全面通风。

(一)局部通风概述

通风的范围限制在有害物形成比较集中的地方,或是工作人员经常活动的局部地区的通风方式,称为局部通风。局部通风系统可分为局部送风和局部排风两大类,它们都是利用局部气流,使工作地点不受有害物污染,以改善工作地点空气条件。

▶▶ 1.局部送风

向局部工作地点送风,保证工作区有良好空气环境的方式,称为局部送风。对于空间较大、工作地点比较固定、操作人员较少的生产车间,当用全面通风的方式改善整个车间的空气环境技术困难或不经济时,可用局部送风。局部送风系统又可细分为系统式和分散式两种。将冷空气直接送入人作业点的上方,使作业人员沐浴在新鲜冷空气中的局部送风系统也称作空气淋浴。分散式局部送风一般使用轴流风机,适用于对空气处理要求不高、可采用室内再循环空气的地方。

▶▶ 2.局部排风

在局部工作地点排出被污染气体的系统称局部排风。为了减少工艺设备产生的有害物对室内空气环境的直接影响,将局部排风罩直接设置在产生有害物的设备附近,及时将有害物排入局部排风罩,然后通过风管、风机排至室外,这是污染扩散较小、通风量较小的一种通风方式。应优先采用局部排风,当不能满足卫生要求时,应采用全面排风。局部排风也可以是利用热压及风压作为动力的自然排风。

▶▶ 3.局部送、排风

局部通风系统也可以采用既有送风又有排风的通风装置,在局部地点形成一道风幕,利用这种风幕来防止有害气体进入室内,是一种既不影响工艺操作又比单纯排风更为有效的通风方式。

供给工作场所的空气一般直接送至工作地点。对建筑物内放散热、蒸汽或有害物质的设备,宜采用局部排风。放散气体的排出应根据工作场所的具体条件及气体密度合理设置排出区域及排风量。含有剧毒、高毒物质或难闻气味物质的局部排风系统,或含有较高浓度的爆炸危险性物质的局部排风系统所排出的气体,应排至建筑物外空气动力阴影区和正压区之外。为减少对厂区及周边地区人员的危害及环境污染,散发有毒有害气体的设备所排出的尾气以及由局部排气装置排出的浓度较高的有害气体应通过净化处理后排出;直接排入大气的,应根据排放气体的落地浓度确定引出高度。当局部排风达不到卫生要求时,应辅以全面排风或采用全面排风。

对于逸散粉尘的生产过程,应对产尘设备采取密闭措施,并设置适宜的局部排风除尘设施对尘源进行控制。需注意的是,防尘的通风措施与消除余热、余湿和有害气体的情况不同,一般情况下单纯增加通风量并不一定能够有效地降低室内空气中的含尘浓度,有时反而会扬起已经沉降落地或附在各种表面上的粉尘,造成个别地点浓度过高的现象。因此,除特殊场合外很少采用全面通风的方式,而是采取局部控制,防止进一步扩散。

(二)全面通风概述

全面通风是在房间内全面地进行通风换气的一种通风方式。全面通风又可分为全面送风、全面排风和全面送、排风。当车间有害物源分散、工人操作点多、安装局部通风装置困难或采用局部通风达不到室内卫生标准的要求时,应采用全面通风。

▶▶ 1. 全面送风

向整个车间全面均匀进行送风的方式称为全面送风。全面送风可以利用自然通风或机械通风来实现。全面机械送风系统利用风把室外大量新鲜空气经过风道、风口不断送入室内,将室内空气中的有害物浓度稀释到国家卫生标准允许的浓度范围内,以满足卫生要求。

▶▶ 2. 全面排风

在整个车间全面均匀进行排气的方式称为全面排风。全面排风系统既可利用自然排风,也可利用机械排风。全面机械排风系统利用全面排风将室内的有害气体排出,而进风来自不产生有害物的邻室和本房间的自然进风,这样形成一定的负压,可防止有害物向卫生条件较好的邻室扩散。

▶▶ 3. 全面送、排风

一个车间常常可同时采用全面送风系统和全面排风系统相结合的系统。对门窗密闭、自行排风或进风比较困难的场所,通过调整送风量和排风量的大小,使房间保持一定的正压或负压。

对于全面排风系统,当吸风口设置于房间上部区域用于排除余热、余湿和有害气体时(含氢气时除外),吸风口上缘至顶棚平面或屋顶的距离不大于 0.4 m;用于排除氢气与空气混合物时,吸风口上缘至顶棚平面或屋顶的距离不大于 0.1 m;而位于房间下部区域的吸风口,其下缘至地板间距不大于 0.3 m。因建筑结构造成有爆炸危险气体排出的死角处,还应设置导流设施。

对于机械送风系统,其进风口的位置应设在室外空气较清洁的地点并低于排风口,且相邻排风口应合理布置,避免进风、排风短路。对有防火防爆要求的通风系统,其进风口应设在不可能有火花溅落的安全地点,排风口应设在室外安全处。

▶▶ 4. 事故通风

事故通风是为防止在生产生活中突发事故或故障时,可能突然放散的大量有害、可燃或可爆气体、粉尘或气溶胶等物质,可能造成严重的人员或财产损失而设置的排气系统。它是保证安全生产和保障工人生命安全的一项必要措施。要注意的是,事故通风不包括火灾通风。

事故排风的进风口应设在有害气体或有爆炸危险的物质放散量可能最大或聚集最多的地点,且应对事故排风的死角处采取导流措施。事故排风装置的排风口应设在安全处,远离门、窗及进风口和人员经常停留或经常通行的地点,尽可能避免对人员的影响,不得朝向室外空气动力阴影区和正压区。事故排风系统(包括兼作事故排风用的基本排风系统)应根据建筑物可能释放的放散物种类设置相应的检测报警及控制系统,系统手动控制装置应装在室内外便于操作的地点。若放散物包含有爆炸危险的气体时,还应选取防爆的通风设备。

事故通风量宜根据放散物的种类、安全及卫生浓度要求,按全面排风计算确定,要保证事故发生时,控制不同种类的放散物浓度低于国家安全及卫生标准所规定的最高允许浓度,且对于生活场所和燃气锅炉房的事故排风量应按换气次数不少于 12 次/h 确定,而燃油锅炉房的事故排风量应按换气次数不少于 6 次/h 确定。生产区域的事故通风风量宜根据生产工艺设计要求通过计算确定,但换气次数不宜少于 12 次/h。事故排风宜由经常使用的通风系统和事故通风系统共同保证,而当事故通风量大于经常使用的通风系统所要求的风量时,宜设置双风机或变频调速风机。

四、全面通风

(一)全面通风的气流组织

全面通风的效果不仅与全面通风量有关,还与通风房间的气流组织有关。气流组织设计时,宜根据污染物的特性及污染源的变化,进行优化。组织室内送风、排风气流时,应防止房间之间的无组织空气流动,不应使含有大量热、蒸汽或有害物质的空气流入没有或仅有少量热、蒸汽或有害物质的人员活动区,且不应破坏局部排风系统的正常工作。重要房间或重要场所的通风系统应具备防止以空气传播为途径的疾病通过通风系统交叉传染的功能。全面通风的进、排风应使室内气流从有害物浓度较低地区流向较高的地区,特别是应使气流将有害物从人员停留区带走。

从立面上看,一般通风房间气流组织的方式有上送上排、下送下排、中间送上下排、上送下排等多种形式。在设计时具体采用哪种形式,要根据有害物源的位置、操作地点、有害物的性质及浓度分布等具体情况,按下列原则确定。

第一,送风口应尽量接近并首先经过人员工作地点,再经污染区排至室外。

第二,排风口应尽量靠近有害物源或有害物浓度高的区域,以利于把有害物迅速从室内排出。

第三,在整个通风房间内,尽量使进风气流均匀分布,减少涡流,避免有害物在局部地区积聚。

工程设计中,通常采用以下气流组织方式。

第一,如果散发的有害气体温度比周围气体温度高,或受车间发热设备影响产生上升气流时,不论有害气体密度大小,均应采用下送上排的气流组织方式。

第二,如果没有热气流的影响,散发的有害气体密度比周围气体密度小时,应采用下送上排的形式;比周围空气密度大时,应从上下两个部位排出,从中间部位将清洁空气直接送至工作地带。

第三,在复杂情况下,要预先进行模型试验,以确定气流组织方式。因为通风房间内有害气体浓度分布除了受对流气流影响外,还受局部气流、通风气流的影响。

根据上述原则,对同时散发有害气体、余热、余湿的车间,一般采用下送上排的送排风方式。清洁空气从车间下部进入,在工作区散开,然后带着有害气体或吸收的余热、余湿流至车间上部,由设在上部的排风口排出。这种气流组织可将新鲜空气沿最短的路线迅速到达作业地带,途中受污染的可能较小,工人在车间下部作业地带操作,可以首先接触清洁空气。同时这也符合热车间内有害气体和热量的分布规律,一般上部的空气温度或有害物浓度较高。

(二)全面通风的热平衡与空气平衡

▶▶ 1. 热平衡

热平衡是指室内的总得热量和总失热量相等,以保持车间内温度稳定不变,即

$$\sum Q_d = \sum Q_s \qquad (2-7)$$

式中 $\sum Q_d$——总得热量,kW;

$\sum Q_s$——总失热量,kW。

车间的总得热量包括很多方面,有生产设备散热、产品散热、照明设备散热、采暖设备散热、人体散热、自然通风得热、太阳辐射得热及送风得热等。车间的总得热量为各得热量之和。车间的总失热量同样包括很多方面,有围护结构失热、冷材料吸热、水分蒸发吸热、冷风渗入耗热及排风失热等。对于某一具体的车间得热及失热并不是如上所述的几项都有,应根据具体情况进行计算。

▶▶ 2. 空气平衡

空气平衡是指在无论采用哪种通风方式的车间内,单位时间进入室内的空气

质量等于同一时间内排出的空气质量,即通风房间的空气质量要保持平衡。

通风方式按工作动力分为机械通风和自然通风两类。因此,空气平衡的数学表达式为

$$G_{zj} + G_{jj} = G_{zp} + G_{jp} \qquad (2-8)$$

式中 G_{zj}——自然进风量,kg/s;

G_{jj}——机械进风量,kg/s;

G_{zp}——自然排风量,kg/s;

G_{jp}——机械排风量,kg/s。

如果在车间内不组织自然通风,当机械进风量、排风量相等($G_{jj} = G_{jp}$)时,室内外压力相等,压差为零。当机械进风量大于机械排风量($G_{jj} > G_{jp}$)时,室内压力升高,处于正压状态。反之,室内压力降低,处于负压状态。由于通风房间不是非常严密的,当处于正压状态时,室内的部分空气会通过房间不严密的缝隙或窗户、门洞等渗到室外,空气渗到室外称为无组织排风。当室内处于负压状态时,会有室外空气通过缝隙、门洞等渗入室内,空气渗入室内称为无组织进风。

为保持通风的卫生效果,对于产生有害气体和粉尘的车间,为防止其向邻室扩散,要在室内形成一定的负压,使机械进风量略小于机械排风量(一般相差10%~20%),不足的进风量由来自邻室和本房间的自然渗透补偿。对于清洁度要求较高的房间,要保持正压状态,使机械进风量略大于机械排风量(一般为10%~20%),阻止外界的空气进入室内。处于负压状态的房间,负压不应过大,否则会导致不良后果。

在冬季为保证排风系统能正常工作,避免大量冷空气直接渗入室内,机械排风量大的房间,必须设机械送风系统,生产车间的无组织进风量以不超过一次换气为宜。

在保证室内卫生条件的前提下,为了节省能量,提高通风系统的经济效益,进行车间通风系统设计时,可采取下列措施。

第一,设计局部排风系统时,在保证效果的前提下,尽量减少局部排风量,以减小车间的进风量和排风热损失。

第二,机械进风系统在冬季应采用较高的送风温度。直接吹向工作地点的空气温度,不应低于人体表面温度(33 ℃左右),最好在 37~50 ℃之间。可避免工人有冷风感,同时可减少进风量。

通风系统的平衡问题是一个动平衡问题,室内温度、送风温度、送风量等各种因素都会影响平衡。要保持室内的温度和有害物浓度满足要求,必须保持热平衡和空气平衡,前面介绍的全面通风量公式就是建立在空气平衡和热、湿、有害气体平衡的基础上,它们只用于较简单的情况。实际的通风问题比较复杂,有时进风和排风同时有几种形式和状态,有时要根据排风量确定进风量,有时要根据热平衡的条件确定送风参数等。对这些问题都必须根据空气平衡、热平衡条件进行计算。

第三节　建筑防火排烟

一、建筑火灾烟气概述

火灾是一种多发性灾难,一旦发生,会导致巨大的经济损失和人员伤亡。建筑物一旦发生火灾,就有大量的烟气产生,这是造成人员伤亡的主要原因。

(一)建筑火灾烟气的成分和特性

火灾烟气是指发生火灾时物质在燃烧和热分解作用下生成的产物与剩余空气的混合物。火灾发生时,在一定温度下,可燃材料受热分解成游离碳和挥发性气体。然后游离碳和可燃成分与氧气发生剧烈化学反应,并放出大量的热量,即出现燃烧现象。不完全燃烧产生的烟气是由悬浮固体碳粒、液体碳粒和气体组成的混合物,其中的悬浮团体碳粒和液体碳粒称为烟粒子。在温度较低的初燃阶段主要是液态粒子,呈白色和灰白色;温度升高后,产生游离碳微粒,呈黑色。烟粒子的粒径一般为 $0.01 \sim 10\ \mu m$,是可吸入粒子。

烟气的化学成分及发生量与建筑材料性质、燃烧条件等有关,其主要成分有 CO_2、CO、水蒸气及氰化氢(HCN)、氨(NH_3)、氯(Cl_2)、氯化氢(HCl)、光气($COCl_2$)等气体。烟气中 CO、HCN、NH_3 等都是有毒性的气体,少量即可致死。而光气在空气中浓度不小于 50×10^{-6} 时,在短时间内就能致人死亡。

燃烧产生大量热量,火灾初期 $5 \sim 20$ min 时烟气温度可达 250 ℃,燃烧加剧烟气温度升高迅速可达 500 ℃。火灾生成大量烟气及受热膨胀导致着火区域的空气压力增高,一般平均高出其他区域 10～15 Pa,短时间内可达到 35～40 Pa。着火区域的正压使烟气快速蔓延,燃烧的高温使金属材料和结构强度降低,导致结构坍塌。燃烧消耗了空气中的氧气,致人呼吸缺氧。空气中含氧量(质量分数)不大于 6%、CO_2 浓度不小于 20%、CO 浓度不小于 1.3% 时,都会在短时间内致人死亡。

此外,由于烟气遮挡,致使光线强度减弱,能见距离缩短不利于疏散,使人感到恐怖,造成局面混乱,降低人们的自救能力,同时也影响消防人员的救援工作。因此,及时排除烟气,对保证居民安全疏散、控制烟气蔓延和便于扑救火灾都具有重要作用。

(二)火灾烟气的流动规律

建筑物发生火灾后,烟气在建筑物内不断流动传播,不仅导致火灾蔓延,也引起人员恐慌,影响疏散与扑救。引起烟气流动的因素有扩散、浮力、烟囱效应、热膨胀、风力、通风空调系统等。

➤➤ 1. 浮力引起的烟气流动

着火房间温度升高,空气和烟气的混合物密度减小,与相邻的走廊、房间或室外的空气形成密度差,也会引起烟气流动。这是烟气在室内水平方向流动的原因之一。

烟气在走廊内流动过程中受顶棚和墙壁的冷却作用,靠墙的烟气将逐渐下降,形成走廊的周边都是烟气的现象。浮力作用还将通过楼板上的缝隙向上层渗透。

➤➤ 2. 烟囱效应引起的烟气流动

当内外空气有温差时,空气在密度差的作用下沿着垂直通道内(楼梯间、电梯间)向上或向下流动而形成的加强对流现象,称为烟囱效应。烟囱效应的强度与烟囱的高度、内外温度差距以及内外空气流通的程度有关。由于烟囱效应的作用,建筑中的共享中庭、竖向通风风道、楼梯间等竖向结构;即从底部到顶部具有通畅流通空间的建筑结构中,空气(包括烟气)依靠密度差的作用,沿着通道快速进行扩散或排出建筑物。建筑物发生火灾后,当出现烟囱效应的时候,由于烟气温度较高,烟火沿着竖直通道的上升速度非常快,并在建筑物内横向流动蔓延传播。

▶▶ 3. 热膨胀引起的烟气流动

当火灾发生时,燃烧产生大量烟气及受热膨胀的空气量,导致着火区域的压力增高。一般平均高出其他区域 10～15Pa,短时间内可达到 35～40Pa。对于门窗开启的房间,烟气通过门窗上部等处向外流出,温度较低的外部空气流入,体积膨胀而产生的压力可以忽略不计。但对于门窗关闭的房间,将可产生很大的压力,而高温烟气会通过门窗缝隙等向外喷射甚至爆炸,从而使烟气向非着火区传播。

▶▶ 4. 风力作用下的烟气流动

建筑物在风力作用下,迎风侧产生正压,而在建筑侧或背风侧,将产生负压。当着火房间在正压侧时,将引导烟气向负压侧的房间流动。反之,当着火房间在负压侧时,风压将引导烟气向室外流动。

▶▶ 5. 通风空调风道系统引起的烟气流动

通风空调系统的风道是烟气传播可能的通道。当通风空调系统运行时,烟气可能从回风口、新风口等处进入风道系统,烟气随着管道气流流动传播。

建筑物内火灾的烟气是在上述多因素共同作用下流动、传播的。各种作用有时相互叠加,有时相互抵消,而且随着火灾的发展,各种因素都在变化着。另外,火灾的燃烧过程也各有差异,因此要确切地用数学模型来描述烟气在建筑物内动态的流动状态是相当困难的。但是了解这些因素作用的规律,有助于正确的采取防烟、防火措施。

二、火灾烟气控制原则

建筑防火排烟的目的是在火灾发生时,使烟气合理流动,防止或延缓烟气侵入作为疏散通道的走廊、楼梯间前室、楼梯间,创造无烟或烟气含量极低的疏散通道或安全区,保护建筑室内人员从有害的烟气中安全疏散。烟气控制的主要方法有隔断阻挡、疏导排烟和加压防烟。

（一）隔断或阻挡

▶▶ **1.** 防火分区

在确定建筑设计的防火要求时,贯彻"预防为主,防消结合"的消防工作方针,根据建筑物的使用功能、空间与平面特征和使用人员的特点,针对不同建筑及其使用功能的特点和防火、灭火需要,综合考虑,合理确定建筑物的防火间距、平面布局、耐火等级和构件的耐火极限,对建筑内不同使用功能场所之间进行防火分隔,设置合理的安全疏散设施与有效的灭火、报警与防排烟等设施,以控制和扑灭火灾,保护人身安全,减少火灾危害。

根据民用建筑的建筑高度和层数分为单层、多层民用建筑和高层民用建筑。高层民用建筑根据其建筑高度、使用功能和楼层的建筑面积分为一类和二类。而根据其建筑高度、使用功能、重要性和火灾扑救难度等确定,民用建筑的耐火等级可分为一级、二级、三级、四级。民用建筑的分类应符合表 2-1 的规定。

表 2-1　民用建筑的分类

名称	高层民用建筑		单层、多层民用建筑
	一类	二类	
住宅建筑	建筑高度大于 54 m 的住宅建筑(包括设置商业服务网点的住宅建筑)	建筑高度大于 27 m,但不大于 54 m 的住宅建筑(包括设置商业服务网点的住宅建筑)	建筑高度不大于 27 m 的住宅建筑(包括设置商业服务网点的住宅建筑)
公共建筑	1. 建筑高度大于 50 m 的公共建筑; 2. 建筑高度 24 m 以上部分任一楼层建筑面积大于 1000 m² 的商店、展览、电信、邮政、财贸金融建筑和其他多种功能组合的建筑; 3. 医疗建筑、重要公共建筑; 4. 省级及以上的广播电视和防灾指挥调度建筑、网局级和省级电力调度建筑; 5. 藏书超过 100 万册的图书馆、书库	除一类高层公共建筑外的其他高层公共建筑	1. 建筑高度大于 24 m 的单层公共建筑; 2. 建筑高度不大于 24 m 的其他公共建筑

防火分区是指为了在建筑内部专门采用防火墙、楼板及其他防火分隔设施分隔而成,能在一定时间内防止火灾向同一建筑的其余部分蔓延分隔而出的局部空间。民用建筑的防火分区之间应采用防火墙分隔,确有困难时,可采用防火卷帘等防火分隔设施分隔。

不同耐火等级民用建筑的允许建筑高度或层数、防火分区最大允许建筑面积见表2-2。其中,当建筑内设置自动灭火系统时,防火分区最大允许建筑面积可增大1.0倍。若局部设置自动灭火系统时,防火分区的增加面积可按该局部面积的1.0倍计算。裙房与高层建筑主体之间设置防火墙时,裙房的防火分区可按单层、多层建筑的要求确定。当建筑内设置中庭、自动扶梯、敞开楼梯等上下层相连通的开口时,其防火分区的建筑面积应按上下层相连通的建筑面积叠加计算。当叠加计算后的建筑面积大于规定时,与周围连通空间应进行防火分隔并采取更严格的措施。

表2-2　不同耐火等级民用建筑的允许建筑高度或层数、防火分区最大允许建筑面积

名称	耐火等级	允许建筑高度或层数	防火分区的最大允许建筑面积/m²	备注
高层民用建筑	一级、二级	按表2-1确定	1500	对于体育馆、剧场的观众厅,防火分区的最大允许建筑面积可适当增加
单层、多层民用建筑	一级、二级	按表2-1确定	2500	
	三级	5层	1200	
	四级	2层	600	
地下或半地下建筑(室)	一级	—	500	设备用房的防火分区最大允许建筑面积不应大于1000 m²

一级、二级耐火等级建筑内的商店营业厅和展览厅设置在高层建筑内时,其每个防火分区的最大允许建筑面积不应大于4000 m²;设置在单层建筑或仅设置在多层建筑的首层内时,不应大于10 000 m²;设置在地下或半地下时,不应大于2000 m²。总建筑面积大于20 000 m²的地下或半地下商店,应采用无门、窗、洞口的防火墙,耐火极限不低于2.00h的楼板分隔为多个建筑面积不大于20 000 m²的区域。相邻区域确需局部连通时,应采用下沉式广场等室外开敞空间、防火隔间、避难走道、防烟楼梯间等方式进行连通,而下沉式广场等室外开敞空间应能防

止相邻区域的火灾蔓延和便于安全疏散,防火隔间的墙应为耐火极限不低于3.00h的防火隔墙,防烟楼梯间的门应采用甲级防火门。

建筑内的电缆井、管道井、排烟道、排气道、垃圾道等竖向井道,应分别独立设置,且应在每层楼板处采用不燃材料或防火封堵材料封堵,在需与房间、走道等相连通的孔隙处应采用防火封堵材料封堵。而建筑内受高温或火焰作用易变形的管道,在贯穿楼板部位和穿越防火隔墙的两侧也宜采取阻火措施。建筑屋顶上的开口与邻近建筑或设施之间,也应采取防止火灾蔓延的措施。

对于厂房仓库等类型的建筑物,根据生产的火灾危险性类别、厂房的耐火等级、厂房的层数位置不同、厂房的允许层数和每个防火分区的最大允许建筑面积不同,对于防火分区分隔的方法与民用建筑也有所区别。除为满足民用建筑使用功能所设置的附属库房外,民用建筑内也不应设置生产车间和其他库房。经营、存放和使用甲类、乙类火灾危险性物品的商店、作坊和储藏间,严禁附设在民用建筑内。

▶▶ 2.防烟分区

所谓防烟分区是指在设置排烟措施的过道、房间中,用隔墙或其他措施(可以阻挡和限制烟气的流动)分隔形成的具有一定蓄烟能力的空间。同一个防烟分区应采用同一种排烟方式。防烟分区不应跨越防火分区,一般不应跨越楼层,确需跨越时应尽可能按功能划分。需设置机械排烟设施且室内净高不超过6 m的场所应划分防烟分区。每个防烟分区的建筑面积不宜超过500 m²,车库不宜超过2000 m²。防烟分区可采用挡烟垂壁、隔墙、顶棚下突出不小于500 mm的结构梁进行划分,其中梁或挡烟垂壁距室内地面的高度不宜小于2.0 m。挡烟垂壁可以是固定的,也可以是活动的。顶棚采用非燃烧材料时,顶棚内空间可不隔断,否则顶棚内空间也应隔断。挡烟措施在有排烟时才有效,否则随着烟气量增加,积聚在上部的烟气将会跨越障碍而逸出防烟分区。

防烟分区的排烟口距最远点的水平距离不应超过30 m。防烟分区的排烟口或排烟阀应与排烟风机连锁,当任一排烟口(阀)开启时,排烟风机应能自动启动。当火灾确认后,同一排烟系统中着火的防烟分区中的排烟口(阀)应呈开启状态,其他防烟分区的排烟口应呈关闭状态。

吹吸式空气幕是一种柔性隔断,它既能有效阻挡烟气的流动,而又允许人员自由通过。吹吸式空气幕的隔断效果是各种形式中最好的,但费用相对较高。

(二)疏导排烟

在发生火灾时,着火区和疏散通道需要排烟。着火区排烟的目的是将火灾发生的烟气(包括空气受热膨胀的体积)排到室外,不使烟气流向非着火区,以利于着火区的人员疏散及救火人员的扑救。对于疏散通道的排烟是为了排除可能侵入的烟气,以保证疏散通道无烟或少烟,以利于人员安全疏散及救火人员通行。民用建筑下列部位应设置排烟设施。

第一,高层建筑面积超过 100 m² 、非高层公共建筑中建筑面积大于 300 m² 且经常有人停留或可燃物较多的地上房间。

第二,总建筑面积大于 200 m² 或一个房间建筑面积大于 50 m² 且经常有人停留或可燃物较多的地下、半地下建筑或地下室、半地下室。

第三,多层建筑设置在一、二、三层且房间建筑面积大于 200 m² 或设置在四层及四层以上或地下、半地下的歌舞娱乐放映游艺场所;高层建筑内设置在首层或二、三层以及设置在地下一层的歌舞娱乐放映游艺场所。

第四,长度超过 20 m 的疏散走道;多层建筑中的公寓、通廊式居住建筑长度大于 40 m 的地上疏散走道。

第五,中庭。

第六,非高层民用建筑及高度大于 24 m 的单层公共建筑中,建筑占地面积大于 100 m² 的地上丙类仓库。

第七,汽车库。

建筑中排烟可采用自然排烟方式或机械排烟方式。利用自然作用力的排烟称为自然排烟,利用机械(风机)作用力的排烟称为机械排烟。

▶▶ 1.自然排烟

自然排烟是利用热烟气产生的浮力、热压或其他自然作用力使烟气排出室外。这种排烟方式设施简单,投资少,日常维护工作少,操作容易,在符合条件时宜优先采用。自然排烟有两种方式:①利用外窗或专设的排烟口排烟;②利用竖井排烟。利用可开启的外窗进行排烟,如果外窗不能开启或无外窗,可以专设排烟口进行自然排烟,专设的排烟口也可以就是外窗的一部分,但它在火灾时可以人工开启或自动开启。开启的方式也有多样,如可以绕一侧轴转动,或绕中轴转动等。利用专设的竖井,即相当于专设一个烟囱:各层房间设排烟风口与之相连接,当某层起火有烟时,排烟风口自动或人工打开,热烟气即可通过竖井排到室外。这种排烟方式实质上是利用烟囱效应的作用。在竖井的排出口设避风风帽,还可以利用风压的作用。但是由于烟囱效应产生的热压很小,而排烟量又大,因此需要竖井的截面和排烟风口的面积都很大。

因此,除建筑高度超过 50 m 的一类公共建筑和超过 100 m 的居住建筑外,靠外墙的防烟楼梯间及其前室、消防电梯间前室和合用前室等需设置防烟设施的部位且可开启外窗面积满足自然通风要求时,宜优先采用自然通风方式。对于需设置排烟设施的场所,如需设置排烟设施且具备自然排烟条件的地下和地上房间等、多层建筑中的中庭及高层建筑中净空高度小于 12 m 的中庭、建筑面积小于 2000 m² 的地下汽车库等,若满足自然排烟条件时,尽量优先采用自然排烟方式。

燃烧产生的烟气量和烟气温度与可燃物质的性质、数量、燃烧条件、燃烧过程等有关。而对外洞口的内外压差又与整个建筑的烟囱效应大小、着火房间所处楼层、风向、风力、烟气温度、建筑内隔断的情况等因素有关。因而,自然排烟对外的开门有效面积,理应根据需要的排烟量及可能有的自然压力来确定。采用自然通风方式时,防烟楼梯间前室、消防电梯间前室的自然通风口净面积不应小于 2.0 m²,合用前室不应小于 3.0 m²。靠外墙的防烟楼梯间,每五层内可开启外窗的总面积之和不应小于 2.0 m²,且顶层可开启面积不宜小于 0.8 m²。避难层(间)应设有两个不同朝向的可开启外窗或百叶窗且每个朝向的自然通风面积不应小于 2.0 m²。需要排烟的房间、疏散走道可开启外窗总面积不应小于其地面面积的 2%,中庭、剧场舞台的不应小于其地面面积的 5%,其他场所的宜取该场所建筑面积的 2%~5%,建筑面积大于 500 m² 且净空高度大于 6 m 的大空间场所,则不应小于该场所地面面积的 5%。

自然排烟口应设置在排烟区域的屋顶上或外墙上方。当设置在外墙上时,排烟口底标高不宜低于室内净高度的 1/2,并应有方便开启的装置。自然通风口的开启方向应沿火灾气流方向开启。自然排烟口距该防烟分区最远点的水平距离不应超过 30 m。

>>> **2. 机械排烟**

机械排烟是使用排烟风机将火灾产生的烟气排到室外的排烟方式。机械排烟的优点是不受内外温差、风力、风向、建筑特点、着火区位置等外界条件的影响,能有效地保证疏散通道,使烟气不向其他区域扩散,且能保证稳定的排烟量。但机械排烟的设施费用高,需要定期保养维修。

布置机械排烟系统时,横向宜按防火分区设置,车库宜按每个防烟分区设置,而超过32层或建筑高度超过100 m的高层建筑的排烟系统应分段设计。排烟管道不应穿越前室或楼梯间,垂直管道宜设置在管井中。排烟口或排烟阀应按防烟分区设置,而防烟分区的排烟口距最远点的水平距离不应超过30 m,且宜使气流方向与人员疏散方向相反,其安装位置应设置在顶棚或靠近顶棚的墙面上,且与附近安全出口的最小距离不应小于1.5 m。设在顶棚上的排烟口距可燃构件或可燃物的距离不应小于1.0 m。在多层建筑中,设置机械排烟系统的地下、半地下场所,除歌舞娱乐放映游艺场所和建筑面积大于50 m²的房间外,排烟口可设置在疏散走道。

机械排烟系统必须有比烟气生成量大的排风量,才有可能使着火区产生一定负压。民用建筑中,排烟风机可采用离心风机或排烟专用的轴流风机,应保证在280 ℃时能连续工作30 min。排烟风机的排烟量应考虑10%～20%的漏风量,其全压应满足排烟系统最不利环路的要求。排烟风机宜设置在排烟系统的上部。

在地下建筑和地上密闭场所中设置机械排烟系统时,应同时设置补风系统,其补风量不宜小于排烟量的50%。补风可采用自然补风或机械补风方式,空气宜直接从室外引入。根据补风形式不同,机械排烟又可分为两种方式:机械排烟自然进风和机械排烟机械进风。补风送风口设置位置宜远离排烟口,二者的水平距离不应小于5 m。

在排烟过程中,当烟气温度达到或超过280 ℃时,烟气中已带火,如不停止排烟,烟火就可能扩大到其他地方而造成新的危害。排烟管道水平穿越其他防火分区处,和竖向穿越防火分区时与垂直风管连接的水平管道,应设280 ℃能自动关闭的防火阀。排烟支管上和排烟风机入口处的总管上,应设置当烟气温度超过280 ℃时能自行关闭的排烟防火阀。当火灾确认后,同一排烟系统中着火的防烟分区中的排烟口(阀)应呈开启状态,排烟风机应连锁自动启动,其他防烟分区的排烟口应呈关闭状态。排烟区域所需补风系统应与排烟系统联动开停。

机械排烟系统与通风、空气调节系统宜分开设置。当合用时,必须采取可靠的防火安全措施,系统管道、风口、阀件和风机等均应满足排烟系统的要求,管道保温应采用不燃材料。

(三)加压防烟

加压防烟是利用风机将一定量的室外空气送入房间或通道内,使室内保持一定正压力,使门洞处有一定流速,以避免烟气侵入。建筑高度超过 50 m 的一类公共建筑和建筑高度超过 100 m 的居住建筑的不宜自然通风防烟楼梯间及其前室、消防电梯前室或合用前室等,人民防空工程避难走道的前室,不具备自然排烟条件的防烟楼梯间和消防电梯的前室或合用前室、高层建筑的封闭避难层(间)等场所,应设置独立的机械加压送风的防烟设施。另外,高层建筑防烟楼梯间及其前室、消防电梯间前室或合用前室,当裙房以上部分利用可开启外窗进行自然排烟,裙房部分不具备自然排烟条件时其前室或合用前室应设置局部正压送风系统。

在进行机械加压送风系统设计时,防烟楼梯间和合用前室的机械加压送风系统宜分别独立设置,塔式住宅设置一个前室的剪刀楼梯应分别设置加压送风系统。地上和地下部分在同一位置的防烟楼梯间需设置机械加压送风时,加压送风系统宜分别设置。人民防空工程避难走道的前室、防烟楼梯间及其前室或合用前室的机械加压送风系统宜分别独立设置,当需要共用系统时,应在支管上设置压差自动调节装置。建筑层数超过 32 层或建筑高度大于 100 m 时,其送风系统及送风量应分段设计。

机械加压送风系统的全压,除计算的最不利环管道压头损失外,还应有余压。封闭楼梯间、防烟楼梯间的余压值应为 40~50 Pa,防烟楼梯间前室或合用前室、消防电梯前室、封闭避难层(间)的余压值应为 25~30 Pa,人民防空工程避难走道的前室与走道之间的压差应为 25~30 Pa。加压送风系统的余压值超过上述规定较多时,宜根据实际情况设置泄压阀或是旁通阀等装置调节。避难走道的前室的机械加压送风量应按前室入口门洞风速不小于 1.2 m/s 计算确定,而封闭避难层(间)的机械加压送风量应按避难层净面积每平方米不小于 30 m³/h 计算。

民用建筑防烟楼梯间的加压送风口宜每隔 2 或 3 层设置一个,合用一个风道的剪刀楼梯应每层设置一个,而每个风口的有效面积应按风口数量均分系统总风量确定。前室或合用前室的加压送风口应每层设置一个,每个送风口的有效面积,通常按火灾着火层及其上下相邻两层的 3 个风口均分计算确定(开启门时,通过门的风速不宜小于 0.7 m/s),也可设定为火灾时着火层及其上一层的 2 个风口均分计算确定。需注意机械加压送风口不宜设置在被门挡住的部位。防烟楼梯间的加压送风口可采用自垂百叶式或常开百叶式风口,并应在加压风机压出段上设置防回流装置或电动调节阀。采用机械加压送风的场所不应设置百叶窗,不宜设置可开启外窗。

而防烟系统和补风系统的室外进风口宜布置在室外排烟口的下方,且高差不宜小于 3.0 m,而水平布置时的水平距离不宜小于 10 m。

三、通风空调系统的防火

供暖、通风和空气调节系统应采取防火措施。甲类、乙类厂房内的空气不应循环使用,且它们的排风设备应独立布置。丙类厂房内含有燃烧或爆炸危险粉尘、纤维的空气,在循环使用前应经净化处理,并应使空气中的含尘浓度低于其爆炸下限的 20%。民用建筑内空气中含有容易起火或爆炸危险物质的房间,应设置自然通风或独立的机械通风设施,且其空气不应循环使用。当空气中含有比空气轻的可燃气体时,水平排风管全长应顺气流方向向上坡度敷设。可燃气体管道和甲类、乙类、丙类液体管道不应穿过通风机房和通风管道,且不应紧贴通风管道的外壁敷设。

(一)供暖系统的防火

目前,我国供暖的热媒温度范围一般为 130～70 ℃、110～70 ℃和 95～70 ℃,散热器表面的平均温度分别为 100 ℃、90 ℃和 82.5 ℃。若热媒温度为 130 ℃或 110 ℃,对于有些易燃物质,例如赛璐珞(自燃点为 125 ℃)、三硫化二磷(自燃点为 100 ℃)、松香(自燃点为 130 ℃),有可能与采暖的设备和管道的热表面接触引起自燃,还有部分粉尘积聚厚度大于 5 mm 时,也会因融化或焦化而引发火灾,如树脂、小麦、淀粉、糊精粉等。

为防止散发可燃粉尘、纤维的厂房和输煤廊内的供暖散热器表面温度过高,导致可燃粉尘、纤维与采暖设备接触引起自燃。在散发可燃粉尘、纤维的厂房内,散热器表面平均温度不应超过 82.5 ℃。输煤廊的散热器表面平均温度不应超过 130 ℃。散热器表面的平均温度不应高于 82.5 ℃,相当于供水温度 95 ℃、回水温度 70 ℃,这时散热器入口处的最高温度为 95 ℃,与自燃点最低的 100 ℃相差 5

℃,具有一定的安全余量。对于输煤廊,如果热煤温度低,容易发生供暖系统冻结事故,考虑到输煤廊内煤粉在稍高温度时不易引起自燃,故将该场所内散热器的表面温度放宽到 130 ℃。

甲类、乙类厂房(仓库)内严禁采用明火和电热散热器供暖。生产过程中散发的可燃气体、蒸气、粉尘或纤维与供暖管道、散热器表面接触能引起燃烧的厂房,和生产过程中散发的粉尘受到水、水蒸气的作用能引起自燃、爆炸或产生爆炸性气体的厂房等,应采用不循环的热风供暖。

供暖管道与可燃物之间应保持一定距离,当供暖管道的表面温度大于 100 ℃时,两者之间不应小于 100 mm 或采用不燃材料隔热;当供暖管道的表面温度不大于 100 ℃时,则两者之间不应小于 50 mm 或采用不燃材料隔热。为防止火势沿着管道的绝热材料蔓延到相邻房间或整个防火区域,对于甲类、乙类厂房(仓库)的建筑内供暖管道和设备的绝热材料应采用不燃材料,对于其他建筑,宜采用不燃材料,不得采用可燃材料。当采用难燃材料时,还要注意选用热分解毒性小的绝热材料。

(二)通风和空气调节系统的防火

通风和空气调节系统,横向宜按防火分区设置,且竖向不宜超过 5 层。当管道设置防止回流设施或防火阀时,管道布置可不受此限制。竖向风管应设置在管井内。空气中含有易燃、易爆危险物质的房间,其送、排风系统通常应采用防爆型的通风设备。排除有燃烧或爆炸危险气体、蒸气和粉尘的排风系统,不应布置在地下或半地下建筑(室)内,应设置除静电的接地装置,应采用金属管道,并应直接通向室外安全地点,不应暗设。

住宅建筑中的排风管道内采取的防止回流方法,下面是具体做法:

第一,增加各层排风支管高度到穿越 2 层楼板。

第二,把排风竖管分成大小两个管道,竖向干管直通屋面,排风支管分层与竖向干管连通。

第三,将排风支管顺气流方向插入竖向风道,且支管到支管出口的高度不小于 600 mm。

第四,在支管上安装止回阀。

含有燃烧和爆炸危险粉尘的空气,在进入排风机前应采用不产生火花的除尘器进行处理。对于遇水可能形成爆炸的粉尘,严禁采用湿式除尘器。处理有爆炸危险的粉尘除尘器、排风机的设置应与其他普通型的风机、除尘器分开设置,并宜按单一粉尘分组布置。净化有爆炸危险粉尘的干式除尘器和过滤器宜布置在厂房外的独立建筑内,建筑外墙与所属厂房的防火间距不应小于 10 m。具备连续清灰功能,或具有定期清灰功能且风量不大于 15 000 m³/h,集尘斗的储尘量小于 60 kg 的干式除尘器和过滤器,可布置在厂房内的单独房间内,但应采用耐火极限不低于 3.00h 的防火隔墙和 1.50h 的楼板与其他部位分隔。净化或输送有爆炸危险粉尘和碎屑的除尘器、过滤器或管道,均应设置泄压装置。净化有爆炸危险粉尘的干式除尘器和过滤器应布置在系统的负压段上。

通风、空气调节系统的风管在穿越防火分区处,穿越通风、空气调节机房的房间隔墙和楼板处,穿越重要或火灾危险性大的场所的防火隔墙和楼板处,穿越防火分隔处的变形缝两侧,和竖向风管与每层水平风管交接处的水平管段上等部位应设置公称动作温度为 70 ℃ 的防火阀。当建筑内每个防火分区的通风、空气调节系统均独立设置时,水平风管与竖向总管的交接处可不设置防火阀。公共建筑的浴室、卫生间和厨房的竖向排风管,应采取防止回流措施,并宜在支管上设置公称动作温度为 70 ℃ 的防火阀。公共建筑内厨房的排油烟管道宜按防火分区设置,且在与竖向排风管连接的支管处应设置公称动作温度为 150 ℃ 的防火阀。设置防火阀时,防火阀宜靠近防火分隔处设置。当防火阀暗装时,应在安装部位设置方便维护的检修口。

排出和输送温度超过 80 ℃ 的空气或其他气体以及易燃碎屑的管道,与可燃或难燃物体之间的间隙不应小于 150 mm,或采用厚度不小于 50 mm 的不燃材料隔热;当管道上下布置时,表面温度较高者应布置在上面。

通风、空气调节系统的风管应采用不燃材料,而接触腐蚀性介质的风管和柔性接头可采用难燃材料。风管穿过防火隔墙、楼板和防火墙时,穿越处风管上的防火阀、排烟防火阀两侧各 2.0 m 范围内的风管及其绝热材料应采用不燃材料。此外,体育馆、展览馆、候机(车、船)建筑(厅)等大空间建筑,单层、多层办公建筑和丙类、丁类、戊类厂房内等通风、空气调节系统的风管,当不跨越防火分区且在穿越房间隔墙处设置防火阀时,可采用难燃材料。

设备和风管的绝热材料、用于加湿器的加湿材料、消声材料及其黏结剂,宜采用不燃材料,确有困难时,可采用难燃材料。风管内设置电加热器时,电加热器的开关应与风机的启停连锁控制。电加热器前后各 0.8 m 范围内的风管和穿过有高温、火源等容易起火房间的风管,均应采用不燃材料。目前,不燃绝热材料、消声材料有超细玻璃棉、玻璃纤维、岩棉、矿渣棉等。难燃材料有自熄性聚氨酯泡沫塑料、自熄性聚苯乙烯泡沫塑料等。此外,厂房内有爆炸危险场所的排风管道,严禁穿过防火墙和有爆炸危险的房间隔墙。甲类、乙类、丙类厂房内的送、排风管道宜分层设置。当水平或竖向送风管在进入生产车间处设置防火阀时,各层的水平或竖向送风管可合用一个送风系统。

燃油或燃气锅炉房应设置自然通风或机械通风设施。燃气锅炉房应选用防爆型的事故排风机。当采取机械通风时,机械通风设施应设置导除静电的接地装置。燃油锅炉房的正常通风量应按换气次数不少于 3 次/h 确定,事故排风量应按换气次数不少于 6 次/h 确定。而燃气锅炉房的正常通风量应按换气次数不少于 6 次/h 确定,事故排风量应按换气次数不少于 12 次/h 确定。

第四节　通风系统设备及附件

一、通风系统的设备组成

完整的通风系统由送、排风口(除尘罩、排烟罩)、风管、风机及其他设备和附件(除尘设备、防排烟阀门)等组成。

(一)风机

风机是为通风系统中的空气流动提供动力的机械设备。在工业与民用建筑的通风空调工程中,按风机作用原理和构造的不同,风机的类型可分为离心式风机、轴流式风机和贯流式风机等。

➤➤ 1.风机的分类

风机分为以下几类。

(1)离心式通风机

离心式风机主要由叶轮、机壳、风机轴、进风口、电动机等部分组成,有旋转的叶轮和蜗壳式外壳,叶轮上装有一定数量的叶片。风机在启动之前,机壳中充满空气,风机的叶轮在电动机的带动下转动时,由进风口吸入空气,在离心力的作用下空气被抛出叶轮甩向机壳,获得了动能与压力能,由出风口排出。空气沿着叶轮转动轴的方向进入,与从转动轴成直角的方向送出,由于叶片的作用而获得能量。把进风口与出风口方向相互垂直的风机称为离心式风机。

(2)轴流式通风机

轴流式风机主要由叶轮、机壳、风机轴、进风口、电动机等部分组成。它的叶片安装于旋转的轮鼓上,叶片旋转时将气流吸入并向前方送出。风机的叶轮在电动机的带动下转动时,空气由机壳一侧吸入,从另一侧送出。这种空气流动与叶轮旋转轴相互平行的风机称为轴流式风机。

轴流式风机按其用途可分为一般通风换气用轴流式风机、防爆轴流式风机、矿井轴流式风机、锅炉轴流式风机和电风扇等。

(3)贯流式通风机

贯流式通风机是将机壳部分地敞开使气流径向进入通风机,气流横穿叶片两次后排出。它的叶轮一般是多叶式前向叶型,两个端面封闭。它的流量随叶轮宽度增大而增加。贯流式通风机的全压系数较大,效率较低,其进出口均是矩形的,易与建筑配合。

▶▶ **2.** 风机的基本性能参数

风机的基本性能参数如下。

(1)风量

通风机在标准状况下工作时,在单位时间内所输送的气体体积,称为风机风量,以符号 L 表示,单位为 m^3/h 或 L/s。

(2)全压

通风机在标准状况下工作时,$1\ m^3$ 气体通过风机以后获得的能量,称为风机全压,以符号 H 表示,单位为 Pa。

(3)功率和效率

通风机的功率是单位时间内通过风机的气体所获得的能量,以符号 N 表示,单位为 kW,风机的这个功率称为有效功率。

电动机传递给风机转轴的功率称为轴功率,用符号 M 表示,轴功率包括风机的有效功率和风机在运转过程中损失的功率。

通风机的效率是指风机的有效功率与轴功率的比值,以符号 η 表示,即可写成:

$$\eta = \frac{N}{N_x} \times 100\%$$

通风机的效率是评价风机性能好坏的一个重要参数。

(4)转速

通风机的转速指叶轮每分钟的转数,以符号 n 表示,单位为 r/min。通风机常用转速为 2900 r/min、1450 r/min、960 r/min。选用电动机时,电动机的转速必须与风机的转速一致。

选择通风机时,必须根据风量 L 和相应于计算风量的全压 H,参阅厂家样本或有关设备选用手册来选择,确定经济合理的台数。

(二)空气净化处理设备

在工业生产中,可能会产生大量的含尘气体或有害气体,危害人体健康,影响环境。为了防止大气污染,当排风中的有害物浓度超过卫生标准所允许的最高浓度时,必须使用除尘器或其他有害气体净化设备对排风处理,达到规范允许的排放标准后才能排入大气。

▶▶ **1.除尘器性能指标**

除尘设备的工作状况常用以下几个概念来说明。

(1)除尘全效率 η

全效率是指在一定的运行工况下除尘器除下的粉尘量与进入除尘器的粉尘量的百分比。其计算在现场只能用进出口气流中的含尘浓度和相应的风量按下式计算:

$$\eta = \frac{M - M_0}{M} \times 100\% = \frac{Vc - V_0 c_0}{Vc} \times 100\%$$

式中 η——除尘器全效率,%;

M, M_0——分别为进入除尘器和穿透的粉尘量,g/s;

V, V_0——除尘器入口、出口风量,m³/s;

c，c_0——除尘器入口、出口空气含尘浓度，g/m^3。

（2）穿透率 p

在除尘效率差别不大时，如果从排出气体的含尘量来看，两者的差别却很大，为说明这一问题，引入穿透率 p 这一概念。其定义为：除尘器出口粉尘的排出量与入口粉尘的进入量的百分比。

$$p = \frac{M_0}{M} \times 100\% = \frac{V_0 c_0}{V c} \times 100\%$$

▶▶ **2.** 除尘器种类

除尘器一般根据主要除尘机理不同可分为重力、惯性、离心、过滤、洗涤、静电等六大类；根据气体净化程度的不同可分为粗净化、中净化、细净化与超净化等四类；根据除尘器的除尘效率和阻力可分为高效、中效、粗效和高阻、中阻、低阻等几类。常用的除尘净化设备有以下几种。

（1）重力沉降室

重力沉降室是借助于重力使尘粒分离。含尘气流进入突然扩大的空间后，流速迅速下降，其中的尘粒在重力作用下缓慢向灰斗沉降。为加强效果还可在沉降室中设挡板。

（2）惯性除尘器

惯性除尘器是使含尘气流方向急剧变化或与挡板、百叶等障碍物碰撞时，利用尘粒自身惯性力从含尘气流中分离尘粒的装置。其性能主要取决于特征速度、折转半径与折转角度。除尘效率优于沉降室，可用于收集大于 $20~\mu m$ 粒径的尘粒。进气管内流速一般取 $10~m/s$ 为宜。

（3）旋风除尘器

旋风除尘器是利用离心力从气流中除去尘粒的设备。这种除尘器结构简单、没有运动部件、造价便宜、维护管理方便，除尘效率一般可达 85% 左右，高效旋风除尘器的除尘效率可达 90% 以上。这类除尘器在我国中小型锅炉烟气除尘中得到广泛应用。

（4）湿式除尘器

湿式除尘器主要是通过含尘气流与液滴接触，在相互碰撞、滞留，细微尘粒的扩散、相互凝聚等净化机理的共同作用下，使尘粒分离出来。该除尘器结构简单，投资低,占地面积小,除尘效率高,能同时进行有害气体的净化,但不能干法回收物料,泥浆处理比较困难,有时需要设置专门的废水处理系统。湿式除尘器适用于处理有爆炸危险或同时含有多种有害物的气体。

(5)过滤式除尘器

过滤式除尘器是通过多孔过滤材料的作用从气固两相流中捕集尘粒,并使气体得以净化的设备。按照过滤材料和工作对象的不同,可分为袋式除尘器、颗粒层除尘器和空气过滤器3种。过滤式除尘器除尘效率高,结构简单,广泛应用于工业排气净化及进气净化。用于进气净化的除尘装置称作空气过滤器。

(6)电除尘器

电除尘器又称静电除尘器。它是利用电场使尘粒荷电靠静电力从气流中分离的,是一种干式高效过滤器。在国外电除尘器已广泛应用于火力发电、冶金、化学和水泥等工业部门的烟气除尘和物料回收。

二、通风系统的附件

通风系统的附件主要有以下几种。

(一)避风天窗

在普通天窗附近加设挡风板或采取其他措施,以保证天窗的排风口在任何风向下都处于负压区的天窗称为避风天窗。常见的有矩形避风天窗、下沉式避风天窗、曲(折)线形避风天窗等形式。

(二)避风风帽

它是一种在自然通风房间的排风口处,利用风力造成的抽力来加强排风能力的装置。

(三)防排烟阀门

通风和空气调节系统的风管是建筑内部火灾蔓延的途径之一,各种类型的防排烟阀门是风管中最常见的用于控制烟火蔓延的装置。防火阀门根据其作用和使用特点又可分为防火类、防烟类和防排烟等三大类。

≫≫ 1.防火类阀门

用于通风空调系统风管内,防止烟火沿风管蔓延。常见的形式有防火阀、防烟防火阀和防火调节阀。

(1)防火阀

采用70 ℃熔断器自动关闭(防火),可输出联动信号。用于通风空调系统风管内,防止火势沿风管蔓延。

(2)防烟防火阀

靠感烟火灾探测器控制动作,用电信号通过电磁铁关闭(防烟),还可采用70 ℃熔断器自动关闭(防火)。用于通风空调系统风管内,防止烟火蔓延。

(3)防火调节阀

70 ℃时自动关闭,手动复位,0°～90°无级调节,可以输出关闭电信号。

≫≫ 2.防烟类阀门

用于加压送风系统的风口,防止外部烟气进入。常见的形式是加压送风口。

≫≫ 3.加压送风口

靠感烟火灾探测器控制,电信号开启,也可手动(或远距离缆绳)开启,可设70 ℃熔断器重新关闭装置,输出电信号联动送风机开启。用于加压送风系统的风口,防止外部烟气进入。

≫≫ 4.排烟类阀门

用于排烟系统风管上。常见的形式有排烟阀、排烟防火阀和排烟口。

(1)排烟阀

电信号开启或手动开启,输出开启电信号联动排烟机开启,用于排烟系统风管上。

(2)排烟防火阀

电信号开启,手动开启,输出动作电信号,用于排烟风机吸入口管道或排烟支管上。采用280 ℃温度容器重新关闭。

（3）排烟口

电信号开启，手动（或远距离缆绳）开启，输出电信号联动排烟机，用于排烟房间的顶棚或墙壁上。采用 280 ℃关闭装置。

（四）排烟风机

可采用离心风机或排烟专用的轴流风机，应保证在 280 ℃时能连续工作 30 min 以上。

三、通风管道常用板材

在通风空调工程中，管道及部件主要用普通薄钢板、镀锌钢板制成，有时也用铝板、不锈钢板、硬聚氯乙烯塑料板以及砖、混凝土、玻璃、矿渣石膏板等制成。

（一）普通薄钢板

薄钢板指厚度不大于 4 mm 的钢板，包括普通薄钢板（如普通碳素钢板、花纹薄钢板及酸洗薄钢板等）、优质薄钢板和镀锌薄钢板等。

➤➤ 1. 普通薄钢板（黑铁板）

它是由钢坯经轧制回火处理后制成。此板由于未经防腐处理，所以遇有潮湿或腐蚀气体时，易生锈腐蚀。普通薄钢板生产方便，价格便宜，耐蚀性差，多用于通风的排气、除尘系统中。

➤➤ 2. 镀锌薄钢板

它是由普通薄钢板镀锌而成的，其表面有锌层保护，起防腐作用，故一般不用刷漆。因镀锌薄钢板是银白色，所以又称为白铁皮。由于镀锌薄钢板具有较好的耐腐蚀性能，因而在空调工程的送风、排风、净化系统中得到了广泛的应用。

➤➤ 3. 冷轧钢板

它具有表面平整、光滑和力学性能好等优点，它受潮后虽然也易腐蚀生锈，但由于表面光洁，只要及时涂刷防腐油，就可以延长使用寿命。此种薄钢板价格高于黑铁板,低于镀锌板,故在一般空调通风工程中应用很广。

(二)不锈钢板

常用的不锈钢板有铬镍钢板和铬镍钛钢板等。不锈钢板不仅有良好的耐腐蚀性,而且有较高塑性和良好的力学性能。由于不锈钢对高温气体及各种酸类有良好的耐腐蚀性能,所以常用来制作输送腐蚀性气体的通风管道及部件。

不锈钢能耐腐蚀的主要原因是铬在钢的表面形成一层非常稳定的钝化保护膜,如果保护膜受到破坏,钢板也会被腐蚀。根据不锈钢板这一特点,在加工运输过程中应尽量避免使板材表面损伤。

不锈钢板的强度比普通钢板要高,所以当板材厚度大于 0.8 mm 时要采用焊接,厚度小于 0.8 mm 时可采用咬口连接。当采用焊接时,可采用氩弧焊,这种焊接方法加热集中,热影响区小,风管表面焊口平整。当板材厚度大于 1.2 mm 时,可采用普通直流电焊机,选用反极法进行焊接。不锈钢板一般不采用气焊,以防止降低不锈钢的耐腐蚀性能。

(三)铝板

铝板的种类很多,可分为纯铝板和合金铝板两种。铝板表面有一层细密的氧化铝薄膜,可以阻止外部的进一步腐蚀。铝能抵抗硝酸的腐蚀,但容易被盐酸和碱类所腐蚀。由 99% 的纯铝制成的铝板,有良好的耐腐蚀性能,但强度较低,可在铝中加入一定数量的铜、镁、锌等炼成铝合金。常用的铝材有纯铝板和经退火后的铝合金板。

当采用铝板制作风管或部件时,厚度小于 1.5 mm 时可采用咬口连接,厚度大于 1.5 mm 时可采用焊接。在运输和加工过程中要注意保护板材表面,以免产生划痕和擦伤。

(四)复合钢板

由于普通钢板的表面极易被腐蚀,为使钢板受到保护,防止腐蚀,可用电镀或喷涂的方法使普通钢板表面涂上一层保护层,就成了复合钢板,这样既保持了普通钢板的机械强度,又具有不同程度的耐腐蚀性。一般常见的复合钢板除镀锌钢板外,还有塑料复合钢板,它是在普通薄钢板表面喷上一层 0.2～0.4 mm 厚的塑料层,常用于防尘要求较高的空调系统和－10～70 ℃温度下耐腐蚀系统的风管。这种风管在加工时注意不要破坏塑料层,它的连接方法只能采用咬口和铆接,不能采用焊接。

(五)硬聚氯乙烯塑料板

硬聚氯乙烯塑料由聚氯乙烯树脂加上稳定剂和少量的增塑剂,经热塑加工而成。其具有良好的化学稳定性,对各种酸类、碱类和盐类的作用均为稳定,但对强氧化剂如浓硝酸、发烟硫酸和芳香族碳氢化合物与氯化碳氢化合物是不稳定的。它的热稳定性较差,一般使用温度为－10～60 ℃使用温度升高,强度则急剧下降,而在低温时,塑料性脆且易产生裂纹。但它具有较高的强度、弹性和良好的耐腐蚀性,便于成型加工,因此在通风工程中常使用聚氯乙烯塑料板卷制风管和制造风机,用以输送含有腐蚀性气体。

常用硬聚氯乙烯塑料板的厚度为 2～6 mm。制造圆形风管可通过加热成型,然后采用塑料焊;制造方型风管可直接用木锯切断,然后进行焊接。风管与风管及部件的连接可采用法兰螺栓连接。

第三章　暖通空调附属设备

第一节　散　热　器

散热器是最常见的室内供暖系统的末端散热装置,其功能是将供暖系统的热媒(蒸汽或热水)所携带的热量,通过散热器壁面传给房间。

一、散热器种类

目前,国内外生产的散热器种类繁多,样式新颖。按照其制造材质划分,主要有铸铁、钢制散热器两大类。按照其构造形式划分,主要分为柱型、翼型、管型和平板型等。

(一)铸铁散热器

铸铁散热器长期以来得到广泛应用。它具有结构简单、防腐性好、使用寿命长及热稳定性好的优点;但其金属耗量大、金属热强度低于钢制散热器。我国目前应用较多的铸铁散热器有以下几种。

》》 1. 翼型散热器

翼型散热器分为圆翼型和长翼型两类。

(1)圆翼型散热器

它是一根内径为 50 mm 或 75 mm 的管子,外面带有许多圆形肋片的铸件。管子两端配置法兰,可将数根这样的房子组成平行叠置的散热器组。管子长度分为 750 mm 和 1000 mm 两种。最高工作压力:热媒为热水时,水温低于 150 ℃,p_b =0.6 MPa;蒸汽为热媒时,p_b=0.4 MPa。因其单片散热量大、所占空间小,常用于工业厂房、车间及其附属建筑中。

(2)长翼型散热器

它的外表面具有许多竖向肋片,外壳内部为一扁盒状空间。长翼型散热器的标准长度 L 分为 200 mm 和 280 mm 两种,宽度 B=115 mm,同侧进出口中心距 H_1=500 mm,高度 H=595 mm,最高工作压力:热水温度低于 130 ℃时,p_b=0.4 MPa,以蒸汽为热媒时,p_b=0.2 MPa。

翼型散热器制造工艺简单,造价也较低;但翼型散热器的金属热强度和传热系数比较低,外形不美观,灰尘不易清扫,特别是它的单体散热量较大。设计选用时不易恰好组成所需的面积,因而,目前不少设计单位趋向不选用这种散热器的设计方案。

▶▶ 2.柱型散热器

柱型散热器是呈柱状的单片散热器。外表面光滑,每片各有几个中空的立柱相互连通。根据散热面积的需要,可把各个单片组装在一起形成一组散热器。

我国目前常用的柱型散热器主要有二柱、四柱两种类型的散热器。根据国内标准,散热器每片长度 L 分为 60 mm 和 80 mm 两种;宽度 B 有 132 mm、143 mm 和 164 mm 三种,散热器同侧进出口中心距有 300 mm、500 mm、600 mm 和 900 mm 四种标准规格尺寸。常见的有二柱 M132,宽度为 132 mm,两边为柱状(H_1=500 mm,H=584 mm,L=80 mm),中间为波浪形的纵向肋片;四柱 B13 宽度为 164 mm,两边为柱状(H_1=642 mm,H=813 mm,L=57 mm)。最高工作压力:对于普通灰铸铁,热水温度低于 130 ℃时,p_b=0.5 MPa(当以稀土灰铸铁为材质时,p_b=0.8 MPa);当以蒸汽为热媒时,p_b=0.2 MPa。

柱型散热器有带脚和不带脚两种片型,便于落地或挂墙安装。

柱型散热器与翼型散热器相比,其金属热强度及传热系数高,外形美观,易清除积灰,容易组成所需的面积,因而得到较广泛的应用。

(二)钢制散热器

目前我国生产的钢制散热器主要有以下几种形式。

▶▶ 1.闭式钢串片对流散热器

闭式钢串片对流散热器由钢管、钢片、联箱及管接头组成。钢管上的串片采用 0.5 mm 的薄钢片,串片两端弯折 90°形成封闭形,形成了许多封闭垂直空气通道,增强了对流放热能力,同时也使串片不易被损坏。

▶▶ 2. 板型散热器

板型散热器由面板、背板、进出水口接头、放水阀固定套及上下支架组成。背板有带对流片和不带对流片两种板型。面板、背板多用 1.2~1.5 mm 厚的冷轧钢板冲压成型,在面板上直接压出呈圆弧形或梯形的散热器水道。水平联箱压制在背板上,经复合滚焊形成整体。为增大散热面积,在背板后面焊上 0.5 mm 的冷轧钢板对流片。

▶▶ 3. 钢制柱型散热器

其构造与铸铁柱型散热器相似,每片也有几个中空立柱。这种散热器是采用 1.25~1.5 mm 厚的冷轧钢板冲压延伸形成片状半柱型,将两片片状半柱型经压力滚焊复合成单片,单片之间经气体弧焊连接成散热器。

▶▶ 4. 扁管型散热器

它是采用 52 mm×11 mm×1.5 mm(宽×高×厚)的水通路扁管叠加焊接在一起,两端再加上断面 35 mm×40 mm 的联箱制成。扁管型散热器外形尺寸是以 52 mm 为基数,形成三种高度规格:416 mm(8 根),520 mm(10 根)和 624 mm(12 根)。长度由 600 mm 开始,以 200 mm 进位,至 2000 mm 共 8 种规格。

扁管散热器的板型有单板、双板、单板带对流片和双板带对流片四种结构形式。单、双板扁管散热器两面均为光板,板面温度较高,有较多的辐射热。带对流片的单、双板扁管散热器,每片散热量比同规格的不带对流片的大,热量主要是以对流的方式传递。

二、散热器的选用与布置

(一)散热器的选用

选用散热器类型时,应注意在热工、经济、卫生和美观等方面的基本要求上加以选择。但要根据具体情况有所侧重。设计选择散热器时,应符合下列原则性的规定。

第一,散热器的工作压力。当以热水为热媒时,不得超过制造厂规定的压力值。对高层建筑使用热水供暖时,首先要求保证承压能力,这对系统的安全运行至关重要。当采用蒸汽为热媒时,在系统启动和停止运行时,散热器的温度变化剧烈,易使接口等处渗漏,因此,铸铁柱型和长翼型散热器的工作压力不应高于0.2 MPa;铸铁圆翼型散热器,不应高于0.4 MPa。

第二,在民用建筑中,宜采用外形美观,易于清扫的散热器。

第三,在放散粉尘或防尘要求较高的生产厂房,应采用易于清扫的散热器。

第四,在具有腐蚀性气体的生产厂房或相对湿度较大的房间,宜采用耐腐蚀的散热器。

第五,采用钢制散热器时,应采用闭式系统,并满足产品对水质的要求,在非供暖季节供暖系统应充水保养;蒸汽供暖系统不得采用钢制柱型、板型和扁管等散热器。

第六,采用铝制散热器时,应选用内防腐型铝制散热器,并满足产品对水质的要求。

第七,安装热量表和恒温阀的热水供暖系统不宜采用水流通道内含有粘砂的铸铁等散热器。

(二)散热器的布置

布置散热器时,应注意下列几条规定。

第一,散热器一般应安装在外墙的窗台下,这样,沿散热器上升的对流热气流能阻止和改善从玻璃窗下降的冷气流和玻璃冷辐射的影响,使流经室内的空气比较暖和、舒适。

第二,为了防止冻裂散热器,两道外门之间,不准设置散热器。在楼梯间或其他有冻结危险的场所,其散热器应由单独的立、支管供热,且不得装设调节阀。

第三,散热器一般应该明装、布置简单。内部装修要求较高的民用建筑可采用暗装。托儿所和幼儿园应暗装或加防护罩,以防烫伤儿童。

第四,在垂直单管或双管热水供暖系统中,同一房间的两组散热器可以串联连接;贮藏室、盥洗室、厕所和厨房等辅助用室及走廊的散热器,可同邻室串联连接。两串联散热器之间的串联管直径应与散热器接口直径相同,以便水流畅通。

第五,在楼梯间布置散热器时,考虑楼梯间热流上升的特点,应尽量布置在底层或按照一定比例分布在下部各层。

第六,铸铁散热器的组装片数,不宜超过下列数值:粗柱型(M132型)——20片;细柱型(四柱)——25片;长翼型——7片。

第二节　风机盘管

风机盘管机组简称风机盘管。它是由小型风机、电动机和盘管(空气换热器)等组成的空调系统末端装置之一。盘管管内流过冷冻水或热水时与管外空气换热,使空气被冷却、除湿或加热来调节室内的空气参数。它是常用的供冷、供热末端装置。

一、风机盘管的构造、分类和特点

风机盘管机组按照结构形式不同,可分为立式、卧式、壁挂式和卡式等,其中,立式又分为立柱式和低矮式;按照安装方式不同,可分为明装和暗装;按照进水方位不同,分为左式和右式(按照面对机组出风口的方向,供回水管在左侧或右侧来定义左式或右式);图3-1给出了立式明装[图3-1(a)]和卧式暗装[图3-1(b)]风机盘管机组的构造示意图。图3-1中1为前向多翼离心风机或贯流风机,每一台机组的风机可为单台、两台或多台(图中为两台);2为单相电容式低噪声调速电动机,可改变电机的输入电压,变换电机转速,使提供的风量按照高、中、低三挡调节[三挡风量一般按照额定风量(额定风量的定义见下文)1:0.75:0.5设置];3为盘管,一般是2~3排铜管串铝合金翅片的换热器,其冷冻水或热水进、出口与水系统的冷、热水管路相连。为了保护风机和电机,减轻积灰对盘管换热效果的影响和减少房间空气中的污染物,在风机盘管(除卧式暗装机组外)的空气进口处装有便于清洗、更换的过滤器5以阻留灰尘和纤维物。为了降低噪声,箱体9的内壁贴有吸声材料8。其他各种风机盘管的基本构件与图3-1类似。

壁挂式风机盘管机组全部为明装机组,其结构紧凑、外观好,直接挂于墙的上方。卡式(天花板嵌入式)机组,比较美观的进、出风口外露于顶棚下,风机、电动机和盘管置于顶棚之上,属于半明装机组。立柱式机组外形像立柜,高度在1800mm左右。有的机组长宽比接近正方形;有的机组是长宽比约为2:1~3:1的长方形。除了壁挂式和卡式机组以外,其他各种机组都有明装和暗装两种机型。明装机组都有美观的外壳,自带进风口和出风口,在房间内明露安装。暗装机组的外壳一般用镀锌钢板制作,有的机组风机裸露,安装时将机组设置于顶棚上、窗台下或隔墙内。国家标准《风机盘管机组》(GB/T 19232—2003)中规定风机盘管机组根据机外静压分为两类:低静压型与高静压型。规定在标准空气状态和规定的试验工况下,单位时间内进入机组的空气体积流量(m³/h 或 m³/s)为额定风量。低静压型机组在额定风量时的出口静压为 0 或 12 Pa,对带风口和过滤器的机组,出口静压为 0;对不带风口和过滤器的机组,出口静压为 12 Pa;高静压机组在额定风量时的出口静压不小于 30 Pa。除了上述常用的单盘管机组(代号省略)外,还有双盘管机组。单盘管机组内只有 1 个盘管,冷热兼用,单盘管机组的供热量一般为供冷量的 1.5 倍;双盘管机组内有 2 个盘管,分别供热和供冷。

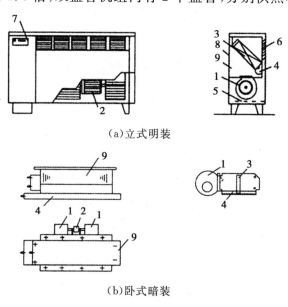

(a)立式明装

(b)卧式暗装

图 3-1　风机盘管

1—风机;2—电动机;3—盘管;4—凝结水盘;5—风口及过滤器;

6—出风格栅;7—控制器;8—吸声材料;9—箱体

用高档转速下机组的额定风量(m³/h)标注其基本规格。如 FP-68,即高档转速下的额定风量为 680 m³/h 的风机盘管。国家标准《风机盘管机组》规定风机盘管共有 FP-34~FP-238 九种基本规格。额定风量范围为 340~2380 m³/h。中外合资或外国独资企业生产的风机盘管机组的规格通常用英制单位的风量(ft³/min)来表示,如规格 200(或称 002 或 02 型)的风机盘管,风量为 200 ft³/

min,即 340 m³/h。

基本规格的机组额定供冷量为 1.8～12.6 kW,额定供热量为 2.7～17.9 kW。实际生产的风机盘管中最大的制冷量约为 20 kW,供热量约为 33.5 kW。低静压型机组的输入功率约为 37～228 W,高静压型机组的输入功率分为两档:出口静压 30 Pa 的机组为 44～253 W;出口静压 50 Pa 的机组为 49～300 W。同一规格的低静压型机组的噪声要低于高静压型机组。低静压型机组的噪声为 37～52 dB(A);高静压型机组的噪声为 40～54 dB(A)(机外静压 30 Pa)或 42～56 dB(A)(机外静压 50 Pa)。风机盘管的水侧阻力为 30～50 kPa。

二、风机盘管的选择与安装要求

风机盘管有两个主要参数:制冷(热)量和送风量,所以,风机盘管的选择有如下两种方法。

(一)根据房间循环风量选

房间面积、层高(吊顶后)和房间换气次数三者的乘积即为房间的循环风量。利用循环风量对应风机盘管高速风量,即可确定风机盘管的型号。

(二)根据房间所需的冷负荷选择

根据单位面积负荷和房间面积,可得到房间所需的冷负荷值。利用房间冷负荷对应风机盘管的高速风量时的制冷量即可确定风机盘管型号。

此外,风机盘管应根据房间的具体情况和装饰要求选择明装或暗装,确定安装位置、形式。立式机组一般放在外墙窗台下;卧式机组吊挂于房间的上部;壁挂式机组挂在墙的上方;立柱式机组可靠墙放置于地面上或隔墙内;卡式机组镶嵌于天花板上。

明装机组直接放在室内,不需进行装饰,但应选择外观颜色与房间色调相协调的机组;暗装机组应配上与建筑装饰相协调的送风口、回风口,并在回风口上配风口过滤器。还应在建筑装饰时留有可拆卸或可开启的维修口,便于拆装和检修机组的风机和电机清洗空气换热器。

目前,卧式暗装机组多暗藏于顶棚上,其送风方式有两种,即上部侧送和顶棚向下送风。如采用侧送方式,可选用低静压型的风机盘管,机组出口直接接双层百叶风口;如采用顶棚向下送风,应选用高静压型风机盘管,机组送风口可接一段风管,其上接若干个散流器向下送风。卧式暗装机组的回风有两种方式:在顶棚上设百叶或其他形式回风口和风口过滤器,用风管接到机组的回风箱上;不设风管,室内空气进入顶棚,再被置于顶棚上的机组所吸入。

选用风机盘管时应注意房间对噪声控制的要求。

风机盘管中风机的供电电路应为单独的回路,不能与照明回路相连,要连到集中配电箱,以便集中控制操作,在不需要系统工作时可集中关闭机组。

风机盘管的承压能力为 1.6 MPa,所选风机盘管的承压能力应大于系统的最大工作压力。

风机盘管机组的全热冷量、显热供冷量和供热量用焓差法测定。在规定的试验工况和参数下测定机组的风量,进出口空气的干、湿球温度,进出口水的温度、压力和流量,并测定风机的输入功率。由此可确定在制冷工况下风机盘管的各项性能指标:风量、全热供冷量、显热供冷量、水流量,水侧的阻力、输入功率等。利用风侧所测得的数据,按照以下式确定风机盘管的风侧全热供冷量、显热供冷量。

全热供冷量

$$Q_1 = M_a(h_i - h_o)t_i - t_o \tag{3-1}$$

显热供冷量

$$Q_s = M_a c_p(t_i - t_o) \tag{3-2}$$

式中:Q_1,Q_s,——风机盘管风侧的全热供冷量和显热供冷量,kW;

h_i、h_o——风机盘管进、出口空气的比焓,kJ/kg;

t_i、t_o——风机盘管进、出口空气的干球温度,℃;

M_a——风机盘管的风量,kg/s;

c_p——空气比定压热容,c_p=1.01 kJ/(kg·℃)。

同样用焓差法,可以按照式(3-3)确定风机盘管风侧在供热工况下的供热量。

$$Q_h = M_n c_p(t_o - t_i) \tag{3-3}$$

式中:Q_h——风机盘管的供热量,kW;

其他符号同前。

根据风机盘管水侧的流量和进、出口温差,同样也能测得其供冷量或供热量(分别称为水侧供冷量或供热量)。所测得的风侧和水侧供冷(热)量,两侧平衡误差应在 5% 以内。取风侧和水侧的供冷(热)量的算术平均值作为供冷量和供热量的实测值。

第三节　空气处理机组

全空气系统中,送入各个区(或房间)的空气在机房内集中处理。对空气进行处理的设备称为空气处理机组,或称空调机组。

一、空气处理机组的类型

市场上有各种功能和规格的空调机组产品供空调用户选用。不带制冷机的空调机组主要有两大类:组合式空调机组和整体式空调机组。

组合式空调机组由各种功能的模块(称功能段)组合而成,用户可以根据自己的需要选取不同的功能段进行组合。按照水平方向进行组合称卧式空调机组;也可以叠置成立式空调机组。图 3-2 为一卧式空调机组的结构图。该机组主要由风机段、空气加热段、表冷段、空气过滤段、混合段(上部和侧部风口装有调节风门)等功能段所组成。组合式空调机组使用灵活方便,是目前应用比较广泛的一种空调机组。

整体式空调机组在工厂中组装成一体,有卧式和立式两种机型。这种机组结构紧凑、体形较小,适用于需要对空气处理的功能不多、机房面积较小的场合。组合式空调机组最小规格风量为 2000 m³/h,最大规格风量可达 20×10⁴ m³/h。

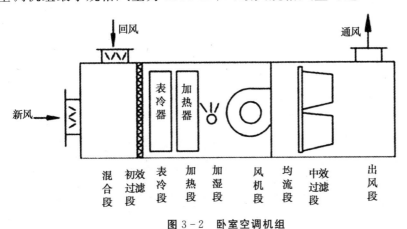

图 3-2　卧室空调机组

目前,国内市场上的产品规格形式都不一致。组合式空调机组断面的宽×高的变化规律有两类。有些企业生产的空调机组,一定风量的机组的宽×高是一定的;另一些企业的空调机组,一定风量的机组可以有几种宽×高组合,所有的尺寸都与标准模数成比例,它的使用更为灵活。

二、空气处理机组的功能

下面将介绍组合式机组中的各种功能段,这些功能段同样也用于定型的整体机组内,不过这些机组内只用了其中几种功能段。

(一)空气过滤段

空气过滤段的功能是对空气的灰尘进行过滤。有粗效过滤和中效过滤两种。中效过滤段通常用无纺布的袋式过滤器。粗效过滤段有板式过滤器(多层金属网、合成纤维或玻璃纤维)和无纺布的袋式过滤器两种。袋式过滤器的过滤段长度比板式的长。为了便于定期对过滤器进行更换、清洗,有的空调机组可以把过滤器从侧部抽出,有的空调机组在过滤段的上游功能段(如混合段)设检修门。

(二)表冷器(冷却盘管)段

表冷器段用于空气冷却去湿处理。该段通常装有铜管套铝翅片的盘管。有 4 排、6 排、8 排管的冷却盘管可供用户选择。表冷器迎面风速一般不大于 2.5 m/s,太大的迎面风速会使冷却后的空气夹带水滴,而使空气湿度增加。当迎面风速>2.5m/s 时,表冷段的出风侧设有挡水板,以防止气流中夹带水滴。为了便于对表冷器进行维护,有的空调机组可以把表冷器从侧部抽出,有的则在表冷器段的上游功能段设检修门。

(三)喷水室

喷水室是利用水与空气直接接触对空气进行处理的设备,主要用于对空气进行冷却、去湿或加湿处理。喷水室的优点是:只要改变水温即可改变对空气的处理过程,它可实现对空气进行冷却去湿、冷却加湿(降焓、等焓或增焓)、升温加湿等多种处理过程;水对空气还有净化作用。其缺点是:喷水室体型大,约为表冷器段的 3 倍;水系统复杂,且是开式的,易对金属腐蚀;水与空气直接接触,易受污染,需定期换水,耗水多。目前,民用建筑中很少用它,主要用于有大湿度或对湿度控制要求严格的场合,如纺织厂车间的空调、恒温恒湿空调等。国内只有部分厂家生产喷水室。

(四)空气加湿段

加湿的方法有多种,组合式空调机组中加湿段有多种形式可供选择。常用的加湿方法有以下几种。

▶▶ 1. 喷蒸汽加湿

在空气中直接喷蒸汽。这是一个近似等温加湿的过程。如果蒸汽直接经喷管的小孔喷出,由于蒸汽在管内流动过程中被冷却而产生凝结水,喷出蒸汽将夹带凝结水,从而出现细菌繁殖、产生气味等问题。空调机组目前都采用干蒸汽加湿器,可以避免夹带凝结水。干蒸汽加湿器加湿迅速、均匀、稳定、不带水滴,加湿量易于控制,适用于对湿度控制严格的场所,但也只能用于有蒸汽源的建筑物中。

▶▶ 2. 高压喷雾加湿

利用水泵将水加压到 $0.3\sim0.35$ MPa(表压)下进行喷雾,可获得平均粒径为 $20\sim30$ μm 的水滴,在空气中吸热汽化,这是一个接近等焓的加湿过程。高压喷雾的优点是加湿量大、噪声低、消耗功率小、运行费用低。缺点是有水滴析出,使用未经软化处理的水会出现“白粉”现象(钙、镁等杂质析出)。这是目前空调机组中应用较多的一种加湿方法。

▶▶ 3. 湿膜加湿

湿膜加湿又称淋水填料层加湿。利用湿材料表面向空气中蒸发水汽进行加湿。可以利用玻璃纤维、金属丝、波纹纸板等做成一定厚度的填料层,材料上淋水或喷水使之湿润,空气通过湿填料层而被加湿。这个加湿过程与高压喷雾一样,是一个接近等焓的加湿过程。这种加湿方法的优点是设备结构简单、体积小、填料层有过滤灰尘作用,填料还有挡水功能,空气中不会夹带水滴。缺点是湿表面容易滋生微生物,用普通水的填料层易产生水垢,另外,填料层容易被灰尘堵塞,需要定期维护。

▶▶ 4. 透湿膜加湿

透湿膜加湿是利用化工中的膜蒸馏原理的加湿技术。水与空气被疏水性的微孔湿膜(透湿膜,如聚四氯乙烯微孔膜)隔开,在两侧不同的水蒸气分压差的作用下,水蒸气通过透湿膜传递到空气中,加湿了空气;水、钙、镁和其他杂质等则不能通过,这样,就不会有"白粉"现象发生。透湿膜加湿器通常是由用透湿膜包裹的水片层及波纹纸板叠放在一起组成,空气在波纹纸板间通过。这种加湿设备结构简单、运行费用低、节能,可实现干净加湿(无"白粉"现象)。

▶▶ 5. 超声波加湿

超声波加湿的原理是将电能通过压电换能片转换成机械振动,向水中发射 1.7 MHz 的超声波,使水表面直接雾化,雾粒直径约为 $3\sim5$ μm,水雾在空气中吸热汽化,从而加湿了空气,这种方法也是接近等焓的加湿过程。这种方法要求使用软化水或去离子水,以防止换能片结垢而降低加湿能力。超声波加湿的优点是雾化效果好、运行稳定可靠、噪声低、反应灵敏而易于控制、雾化过程中还能产生有益人体健康的负离子,耗电不多,约为电热式加湿的 10%。其缺点是价格贵,对水质要求高。目前,国内空调机组尚无现成的超声波加湿段,但可以把超声波加湿装置直接装于空调机组中。

(五)空气加热段

有热水盘管(热水/空气加热器)、蒸汽盘管(蒸汽/空气加热器)和电加热器三种类型。热水盘管与冷却盘管结构形式一样,但可供选择的只有 1 排、2 排、4 排管的盘管。蒸汽盘管换热组件有铜管套铝翅片或绕片管,有 1 排或 2 排管可供选择。

(六)风机段

组合式空调机组中的风机段在某一风量范围内有几种规格可供选择。通常是根据系统要求的总风量和总阻力来选择风机的型号、转速、功率及配用电机。空调设备厂的样本中一般都提供所配风机的特性。而定型的整体空调机组一般只提供机组的风量及机外余压。因此在设计时,管路系统(不含机组本身)的阻力不得超过所选机组的机外余压。

风机段用作回风机时,称回风机段。回风机段的箱体上开有与回风管的接口,而出风侧一般都连接分流段。

(七)其他功能段

除了上述主要的功能段外,还有一些辅助功能段。主要有:①混合段。该段的上部和侧部开有风管接口,以接回风和新风管,通过入口处的风门以调节新回风比例;②中间段(空段)。该段开有检修门,用于对机组内部的保养、维修,但有些厂家生产的机组主要设备都可抽出(如表冷器、加热盘管和过滤器等),可以不设中间段;③二次回风段。该段开有回风入口的接管。④消声段。该段用于消除风机的噪声,但使用消声段后机组过长,机房内布置困难,而且消声器理应装在风管出机房的交界处,以防机房噪声从消声器后的风管壁传入管内而传播出去,因此,在实际工程中很少应用,通常都在风管上装消声器。

第四节　换　热　器

一、换热器的种类

用来使热量从热流体传递到冷流体,以满足规定的工艺要求的装置统称换热器(或热交换设备)。换热器可以按照不同的方式分类。

按照工作原理不同,可将换热器分为三类。

(1)间壁式换热器——冷热流体被壁面分开,如暖风机、燃气加热器、冷凝器、蒸发器等。

间壁式换热器的种类有很多,从构造上主要可分为管壳式、肋片管式、板式、板翅式、螺旋板式等,其中前两种用得最为广泛。

(2)混合式换热器——冷热流体直接接触,彼此混合进行换热,在热交换时存在质交换,如空调工程中喷淋冷却塔、蒸汽喷射泵等。这种换热器在应用上常受到冷热两种流体不能混合的限制。

（3）回热式换热器——冷、热两种流体依次交替地流过同一换热表面而实现热量交换的设备。在这种换热器中,固体壁面除了换热以外还起到蓄热的作用:高温流体流过时,固体壁面吸收并积蓄热量,然后释放给接着流过的低温流体。显然,这种换热器的热量传递过程是非稳态的。在空气分离装置、炼铁高炉及炼钢平炉中常用这类换热器来预冷或预热空气。

二、管壳式换热器

图 3 - 3 为管壳式换热器示意图。流体 I 在管外流动,管外各管间常设置一些圆缺形的挡板,其作用是提高管外流体的流速(挡板数增加,流速提高),使流体充分流经全部管面,改善流体对管子的冲刷角度,从而提高壳侧的表面传热系数。此外,挡板还可以起支撑管束、保持管间距离等作用。流体 II 在管内流动,它从管的一端流到另一端称为一个管程,当管子总数及流体流量一定时,管程数分得越多,则管内流速越高。

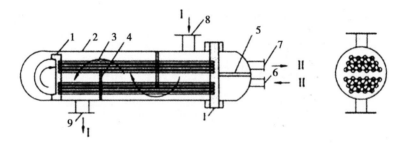

图 3 - 3　管壳式换热器示意图

1—管板;2—外壳;3—管子;4—挡板;5—隔板;6,7—管程进口及出口;8,9—壳程进口及出口

管壳式热交换器结构坚固,易于制造,适应性强,处理能力大,高温、高压情况下也可应用,换热表面清洗比较方便。这一类型换热设备是工业上用得最多、历史最久的一种,是占主导地位的换热设备。其缺点是材料消耗大、不紧凑。除了图 3 - 3 的形式外,U 形管式及套管式(一根大管中套一小管)换热器也属此类。

三、肋片管式换热器

肋片管也称翅片管,在管子外壁加肋,肋化系数可达 25 左右,大大增加了空气侧的换热面积,强化了传热。与光管相比,传热系数可提高 1～2 倍。这类换热器结构较紧凑,适用于两侧流体表面传热系数相差较大的场合。

肋片管式换热器结构上最值得注意的是肋的形状和结构及镶嵌在管子上的方式。肋的形状可做成片式、圆盘式、带槽或孔式、皱纹式、钉式和金属丝式等。肋与管的连接方式可采用张力缠绕式、嵌片式、热套胀接、焊接、整体轧制、铸造及机加工等。肋片管的主要缺陷是肋片侧的流动阻力较大。不同的结构与镶嵌方式对流动阻力,特别是传热性能影响很大。当肋根与管之间接触不紧密而存在缝隙时,将形成接触热阻,使传热系数降低。

四、板式换热器

板式换热器是由若干传热板片及密封垫片叠置压紧组装而成,在两块板边缘之间由垫片隔开,形成流道,垫片的厚度就是两板的间隔距离,故流道很窄,通常只有 3～4 mm。板四角开有圆孔,供流体通过,当流体由一个角的圆孔流入后,经两板间流道,由对角线上的圆孔流出,该板的另外两个角上的圆孔与流道之间则用垫片隔断,这样可使冷热流体在相邻的两个流道中逆向流动,进行换热。为了强化流体在流道中的扰动,板面都做成波纹形,常见的有平直波纹、人字形波纹、锯齿形及斜纹形 4 种板型。

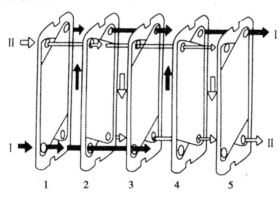

图 3-4　板式换热器工作原理图

图 3-4 为一种基本形板式换热器流道示意图。冷热两流体分别由板的上、下角的圆孔进入换热器,并相间流过奇数及偶数流道,然后分别从下、上角孔流出,图中也显示奇数与偶数流道的垫片不同,以此安排冷热流体的流向。传热板片是板式换热器的关键元件,不同形式的板片直接影响到传热系数、流动阻力和承受压力的能力。板片的材料通常为不锈钢,对于腐蚀性强的流体(如海水冷却器),可用钛板。板式换热器传热系数高、阻力相对较小(相对于高传热系数)、结构紧凑、金属消耗量低、拆装清洗方便、传热面可以灵活变更和组合(例如,一种热流体与两种冷流体,同时在一个换热器内进行换热)等。已广泛应用于供热供暖

系统及食品、医药、化工等部门。目前板式换热器性能已达：最佳传热系数 7000 W/(m²·K)(水-水)；最大处理长量 1000 m³/m²；最高操作压强 28×10⁵ Pa；紧凑性 250～1000 m²/m³；金属消耗 16 kg/m²。

第五节　送风口和回风口

一、送风口

送风口以安装的位置，分为：侧送风口、顶送风口(向下送)、地面风口(向上送)；按照送出气流的流动状况，分为扩散型风口、轴向型风口和孔板送风。扩散型风口具有较大的诱导室内空气的作用，送风温度衰减快，但射程较短；轴向型风口诱导室内气流的作用小，空气温度、速度的衰减慢，射程远；孔板送风口是在平板上满布小孔的送风口，速度分布均匀、衰减快。

图 3-5 为两种常用的活动百叶风口，通常安装在侧墙上用作侧送风口。双层百叶风口有两层可调节角度的活动百叶，短叶片用于调节送风气流的扩散角，也可用于改变气流的方向，而调节长叶片可以使送风气流贴附顶棚或下倾一定角度(当送热风时)；单层百叶风口只有一层可调节角度的活动百叶。双层百叶风口中外层叶片或单层百叶风口的叶片可以平行长边，也可以平行短边，由设计者选择。这两种风口也常用作回风口。

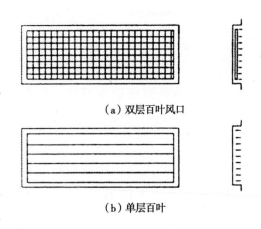

(a) 双层百叶风口

(b) 单层百叶

图 3-5　活动百叶风口

图 3-6 为用于远程送风的喷口，它属于轴向型风口，送风气流诱导室内风量

少,可以送较远的距离,射程(末端速度 0.5 m/s 处)一般可达到 10～30 m,甚至更远。通常在大空间(如体育馆、候机大厅)中用作侧送风口;送热风时可用作顶送风口。如风口既送冷风又送热风,应选用可调角度喷口[图 3－6(b)]。可调角度喷口的喷嘴镶嵌在球形壳中,该球形壳(与喷嘴)在风口的外壳中可转动,最大转动角度为 30°,可用人工调节,也可通过电动或气动执行器调节。在送冷风时,风口水平或上倾;送热风时,风口下倾。

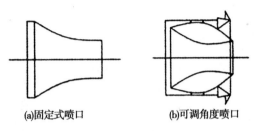

(a)固定式喷口　　　　**(b)可调角度喷口**

图 3－6　喷口

图 3－7 为三种比较典型的散流器,直接装于顶棚上,是顶送风口。图 3－7(a)为平送流型的方形散流器,有多层同心的平行导向叶片,使空气流出后贴附于顶棚流动。这种类型散流器也可以做成矩形。方形或矩形散流器可以是四面出风、三面出风、两面出风和一面出风。平送流型的圆形散流器与方形散流器相类似。平送流型散流器适宜用于送冷风。图 3－7(b)是下送流型的圆形散流器,又称为流线型散流器。叶片间的竖向间距是可调的。增大叶片间的竖向间距,可以使气流边界与中心线的夹角减小。这类散流器送风气流夹角一般为 20°～30°。因此,在散流器下方形成向下的气流。图 3－7(c)为圆盘型散流器,射流以 45°夹角喷出,流型介于平送与下送之间,适宜于送冷、热风。各类散流器的规格都按照颈部尺寸 A×B 或直径 D 来标定。

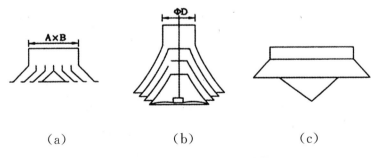

（a）　　　　　　（b）　　　　　　（c）

图 3－7　方形和圆形散流器

(a)平送流型方形散流器;(b)下送流型的圆形散流器;(c)圆盘型散流器

图 3－8 为可调式条形散流器,条缝宽 19 mm,长为 500～3000 mm,可根据需要

选用。调节叶片的位置，可以使散流器的出风方向改变或关闭，如图 3-8 所示。也可以多组组合(2,3,4 组)在一起。条形散流器用作顶送风口，也可以用于侧送。

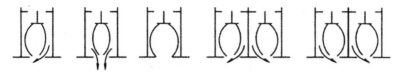

（a）左出风　（b）下送风　（c）关闭　　（d）多组左右出风　（e）多组右出风

图 3-8　可调式条形散流器

图 3-9 为固定叶片条形散流器。这种条形散流器的颈宽为 50～150 mm，长为 500～3000 mm。根据叶片形状可以有三种流型。这种条形散流器可以用作顶送、侧送和地板送风。

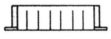

（a）直流式　　　　　　　　（b）单侧流　　　　　　　　（c）双侧流

图 3-9　固定叶片条形散流器

图 3-10 为旋流式风口，其中图 3-10(a)是顶送式风口。风口中有起旋器，空气通过风口后成为旋转气流，并贴附于顶棚流动。具有诱导室内空气能力大、温度和风速衰减快的特点。适宜在送风温差大、层高低的空间中应用。旋流式风口的起旋器位置可以上下调节，当起旋器下移时，可使气流变为吹出型。图 3-10(b)用于地板送风的旋流式风口，它的工作原理与顶送形式相同。

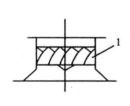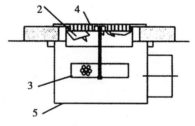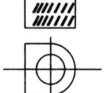

（a）顶送型旋流风口　　　　（b）地板送风旋流风口

图 3-10　旋流式风口

1—起旋器；2—旋流叶片；3—集尘箱；4—出风格栅；5—静压箱

图 3-11 为置换送风口。风口靠墙置于地上，风口的周边开有条缝，空气以很低的速度送出，诱导室内空气的能力很低，从而形成置换送风的流型。图 3-11 所示的风口在 180°范围内送风，

图 3-11　置换送风风口

另外有在 90°范围内送风(置于墙角处)和在 360°范围内送风的风口,风口的高度为500~1000 mm。

二、回风口

房间内的回风口在其周围造成一个汇流的流场,风速的衰减很快,它对房间的气流影响相对于送风口来说比较小,因此,风口的形式也比较简单。上述的送风口中的活动百叶风口、固定叶片风口等都可以用作回风口,也可用送风风口铝网或钢网做成回风口。图 3-12 中显示出了两种专用于回风的风口。图 3-12 (a)是格栅式风口,风口内用薄板隔成小方格,流通面积大,外形美观。图 3-12 (b)为可开式百叶回风口。百叶风口可绕铰链转动,便于在风口内装卸过滤器。适宜用作顶棚回风的风口,以减少灰尘进入回风顶棚。还有一种固定百叶回风口,外形与可开式百叶风口相近,区别在于其不可开启,这种风口也是一种常用的回风口。

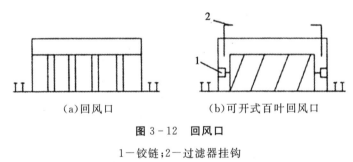

(a)回风口　　　　　　(b)可开式百叶回风口

图 3-12　回风口

1—铰链;2—过滤器挂钩

第六节　局部排风罩和空气幕

一、局部排风罩类型

排风罩是局部排风系统中捕集污染物的设备。排风罩按照密闭程度分,有密闭式排风罩、半密闭式排风罩和开敞式排风罩。

(一)密闭式排风罩

密闭式排风罩(或称密闭罩)是将生产过程中的污染源密闭在罩内,并进行排风,以保持罩内负压。当排风罩排风时,罩外的空气通过缝隙、操作孔口(一般只是手孔)渗入罩内,缝隙处的风速一般不应小于 1.5 m/s。排风罩内的负压宜在 5~10 Pa 左右,排风罩排风量除了从缝隙孔口进入的空气量外,还应考虑因工艺需要而鼓入的风量,或污染源生成的气体量,或物料装桶时挤出的空气。选用风机的压头除考虑排风罩的阻力外,还应考虑由于工艺设备高速旋转导致罩内压力升高,或物料下落、飞溅(如皮带运输机的转运点、卸料点)带动空气运动而产生的压力升高,或由于罩内外有较大温差而产生的热压等。

密闭罩应当根据工艺设备具体情况设计其形状、大小。最好将污染物的局部散发点密闭,这样排风量少,比较经济。但有时无法做到局部点密闭,而必须将整个工艺设备,甚至把工艺流程的多个设备密闭在罩内或小室中,这类罩或小室开有检修门,便于维修;缺点是风量大、占地大。

密闭罩的主要优点是:①能最有效地捕集并排除局部污染源产生的污染物;②风量小,运行经济;③排风罩的性能不受周围气流的影响。缺点是对工艺设备的维修和操作不便。

(二)半密闭式排风罩

半密闭式排风罩指由于操作上的需要,经常无法将产生污染物的设备完全或部分地封闭,而必须安装开有较大的工作孔的排风罩。属于这类排风罩的有柜式排风罩(或称通风柜、排风柜)、喷漆室和砂轮罩等。

图 3-13 为三种形式的通风柜,其区别在于排风口的位置不同,适用于密度不同的污染物。污染物密度小时用上排风;密度大时用下排风;而密度不确定时,可选用上下同时排风,且上部排风口可调。通风柜的柜门上下可调节,在操作许可的条件下,柜门开启度越小越好,这样在同样的排风量下有较好的效果。

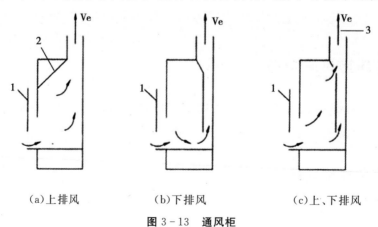

(a)上排风　　　　(b)下排风　　　　(c)上、下排风

图 3-13　通风柜

1—可启闭的柜门;2—调节板;3—排风量

半密闭式排风罩,其控制污染物能力不如密闭式。如果设计得好,将不失为一种比较有效的排风罩。

(三)开敞式排风罩

开敞式排风罩又称为外部排风罩。这种排风罩的特点是,污染源基本上是敞开的,而排风罩只在污染源附近进行吸气。为了使污染物被排风罩吸入,排风罩必须在污染源周围形成一速度场,其速度应能克服污染物的流动速度而引导至排风罩。

(1)开敞式吸气口的风速衰减很快,因此,开敞式排风罩应尽量靠近污染源处。

(2)吸气口处有围挡时,风速的衰减速度减缓,因此,开敞式排风罩在有可能的条件下尽量设置围挡。

二、局部排风罩设计原则

排风罩是局部排风系统的一个重要设备,直接关系到排风系统治理污染物的效果。工厂中的工艺过程、设备千差万别,不可能有一种万能的排风罩适合所有情况,因而,必须根据具体情况设计排风罩。排风罩设计应遵守以下原则。

(1)应尽量选用密闭式排风罩,其次可选用半密闭式排风罩。

(2)密闭式和半密闭式排风罩的缝隙、孔口、工作开口在工艺条件许可下应尽量减小。

(3)排风罩的设计应充分考虑工艺过程、设备的特点,方便操作与维修。

(4)开敞式排风罩有条件时靠墙或靠工作台面,或增加挡板或设活动遮挡,从而可以减少风量,提高控制污染物的效果。

(5)开敞式排风罩应尽量靠近污染源。

(6)应当注意排风罩附近横向气流(如送风)的影响。

三、空气幕

空气幕是利用条状喷口送出一定速度、一定温度和一定厚度的幕状气流,用于隔断另一气流。它主要用于公共建筑、工厂中经常开启的外门,以阻挡室外空气侵入;或用于防止建筑火灾时烟气向无烟区侵入;或用于阻挡不干净的空气、昆虫等进入控制区域。在寒冷的北方地区,大门空气幕使用很普遍。在空调建筑中,大门空气幕可以减少冷量损失。空气幕也经常简称为风幕。

空气幕按照系统形式可分为吹吸式和单吹式两种。图 3-14 中(a)为吹吸式空气幕;其余三种均为单吹式空气幕。吹吸式空气幕封闭效果好,人员通过时对它的影响也较小。但系统较复杂,费用较高,在大门空气幕中较少使用。单吹式空气幕按照送风口的位置又可分为:上送式[图 3-14(b)],下送式,单侧送风[图 3-14(c)],双侧送风[图 3-14(d)]。上送式空气幕送出气流卫生条件好,安装方便,不占建筑面积,也不影响建筑美观,因此,在民用建筑中应用很普遍。下送式空气幕的送风喷口和空气分配管装在地面以下,挡冷风的效果好,但送风管和喷口易被灰尘和垃圾堵塞,送出空气的卫生条件差,维修困难,因此,目前基本上没有应用;侧送空气幕隔断效果好,但双侧的效果不如单侧,侧送空气幕占有一定的建筑面积,而且影响建筑美观,因此,很少在民用建筑中应用,主要用于工业厂房、车库等的大门上。

空气幕按照气流温度分,有热空气幕和非热空气幕。热空气幕分蒸汽(装有蒸汽加热盘管)、热水(装有热水加热盘管)和电热(装有电加热器)三种类型。热空气幕适用于寒冷地区冬季使用。非热空气幕就地抽取空气,不做加热处理。这类空气幕可用于空调建筑的大门,或在餐厅、食品加工厂等门洞阻挡灰尘、蚊蝇等进入。

目前市场上空气幕产品所用的风机有离心风机、轴流风机和贯流风机三种类型。其中,贯流风机主要应用于上送式非热空气幕。

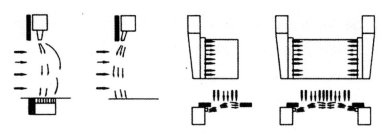

(a)吹吸式空气幕 (b)上送式空气幕 (c)单侧送风空气幕 (d)双侧送风空气幕

图 3-14 各种形式的空气幕

寒冷地区应采用热空气幕,以避免在冬季使用时吹冷风,同时也给室内补充热量。但热空气幕送出的热风温度也不宜过高,一般不高于 50 ℃。

第七节　除尘器与过滤器

一、除尘器

(一)除尘机理

目前,悬浮颗粒分离机理(又称除尘机理)主要有以下几个方面。

(1)重力:依靠重力使气流中的尘粒自然沉降,将尘粒从气流中分离出来。是一种简便的除尘方法。这个机理一般局限于分离 $50\sim100~\mu m$ 以上的粉尘。

(2)离心力:含尘空气做圆周运动时,由于离心力的作用,粉尘和空气会产生相对运动,使尘粒从气流中分离。这个机理主要用于 $10~\mu m$ 以上的尘粒。

(3)惯性碰撞:含尘气流在运动过程中遇到物体的阻挡(如挡板、纤维、水滴等)时,气流要改变方向进行绕流,细小的尘粒会沿气体流线一起流动。而质量较大或速度较大的尘粒,由于惯性,来不及跟随气流一起绕过物体,因而,脱离流线向物体靠近,并碰撞在物体上而沉积下来。

(4)接触阻留:当某一尺寸的尘粒沿着气流流线刚好运动到物体(如纤维或液滴)表面附近时,因与物体发生接触而被阻留,这种现象称为接触阻留。

(5)扩散:由于气体分子热运动对尘粒的碰撞而产生尘粒的布朗运动,对于越小的尘粒越显著。微小粒子由于布朗运动,使其有更大的机会运动到物体表面而沉积下来,这个机理称为扩散。对于小于或等于 $0.3~\mu m$ 的尘粒,是一个很重要的机理。而大于 $0.3~\mu m$ 的尘粒其布朗运动减弱,一般不足以靠布朗运动使其离开气流流线碰撞到物体上面去。

(6)静电力:悬浮在气流中的尘粒,都带有一定的电荷,可以通过静电力使它从气流中分离。在自然状态下,尘粒的带电量很小,要得到较好的除尘效果必须设置专门的高压电场,使所有的尘粒都充分荷电。

(7)凝聚:凝聚作用不是一种直接的除尘机理。通过超声波、蒸汽凝结、加湿等凝聚作用,可以使微小粒子凝聚增大,然后用一般的除尘方法去除。

(8)筛滤作用:筛滤作用是指当尘粒的尺寸大于纤维网孔尺寸时而被阻留下来的现象。

（二）除尘器分类

根据主要的除尘机理的不同，除尘器可分为六类。

（1）重力除尘：如重力沉降室。

（2）惯性除尘：如惯性除尘器。

（3）离心力除尘：如旋风除尘器。

（4）过滤除尘：如袋式除尘器、颗粒层除尘器、纤维过滤器、纸过滤器。

（5）洗涤除尘：如自激式除尘器、旋风水膜除尘器。

（6）静电除尘：如电除尘器。

（三）除尘器的选择

袋式除尘器是一种干式的高效除尘器，它利用多孔的袋状过滤元件的过滤作用进行除尘。由于它具有除尘效率高（对于 $1.0~\mu m$ 的粉尘，效率高达 $98\%\sim99\%$）。适应性强、使用灵活、结构简单、工作稳定、便于回收粉尘、维护简单等优点，因此，袋式除尘器在冶金、化学、陶瓷、水泥、食品等不同的工业部门中得到广泛的应用，在各种高效除尘器中，是最有竞争力的一种除尘设备。

重力除尘器虽然结构简单，投资省，耗钢少，阻力小（一般为 $100\sim150~Pa$），但在实际除尘工程中，由于其效率低（对于干式沉降室效率为 $56\%\sim60\%$）和占地面积大，很少使用。

惯性除尘器是使含尘气流方向急剧变化或与挡板、百叶等障碍物碰撞时，利用尘粒自身的惯性从含尘气流中分离的装置。其性能主要取决于特征速度、折转半径与折转角度。其除尘效率低于沉降室，可用于收集大于 $20~\mu m$ 粒径的尘粒。压力损失则因结构形式不同差异很大，一般为 $100\sim400~Pa$。进气管内气流速度取 $10~m/s$ 为宜。其结构形式有气流折转式、重力折转式、百叶板式与组合式几种。

旋风除尘器是利用气流旋转过程中作用在尘粒上的惯性离心力，使尘粒从气流中分离出来的设备。旋风除尘器结构简单、造价低、维修方便；耐高温，温度可高达 $400~℃$；对于 $10\sim20~\mu m$ 的粉尘，除尘效率为 90% 左右。因此，旋风除尘器在工业通风除尘工程和工业锅炉的消烟除尘中得到了广泛的应用。

　　湿式除尘器是通过含尘气流与液滴或液膜的接触,在液体与粗大尘粒的相互碰撞、滞留,细小的尘粒的扩散、相互凝聚等净化机理的共同作用下,使尘粒从气流中分离出来。这种方法简单、有效,因而,在实际的工业除尘工程中获得了广泛的应用。

　　利用电力捕集气流中悬浮尘粒的设备称为电除尘器,它是净化含尘气体最有效的装置之一。电除尘器原理主要有四个过程:①气体的电离;②悬浮尘粒的荷电;③荷电尘粒向电极运动;④荷电尘粒沉积在收尘电极上。采用电除尘器虽然一次性投资较其他类型的除尘器要高,但是由于它具有除尘效率高、阻力小、能处理高温烟气、处理烟气量的能力大和日常运行费用低等优点,因此,在火力发电、冶金、化学、造纸和水泥等工业部门的工业通风除尘工程和物料回收中获得了广泛的应用。

二、过滤器

　　空气过滤器是通过多孔过滤材料(如金属网、泡沫塑料、无纺布、纤维等)的作用从气固两相流中捕集粉尘,并使气体得以净化的设备。它把含尘量低(每立方米空气中含零点几至几毫克)的空气净化处理后送入室内,以保证洁净房间的工艺要求和一般空调房间内的空气洁净度。

　　根据过滤器效率,空气过滤器可分为五类。

(一)粗效过滤器

　　粗效过滤器的作用是除掉 $5~\mu m$ 以上的沉降性尘粒和各种异物,在净化空调系统中常作为预过滤器,以保护中效、高效过滤器。在空调系统中常做进风过滤器用。

　　粗效过滤器的滤料一般为无纺布、金属丝网、玻璃丝(直径约为 $20~\mu m$)、粗孔聚氨酯泡沫塑料和尼龙网等。为了提高效率和防止金属腐蚀,金属网、玻璃丝等材料制成的过滤器通常浸油使用。由于粗效过滤器主要利用它的惯性效应,因此,滤料风速可以稍大,滤速一般可取 $1~2~m/s$。

(二)中效过滤器

　　中效过滤器的主要作用是除掉 $1~10~\mu m$ 的悬浮性尘粒。在净化空调系统和局部净化设备中作为中间过滤器,以减少高效过滤器的负担,延长高效过滤器的寿命。

中效过滤器的滤料主要有玻璃纤维(纤维直径约为 $10~\mu m$ 左右)、中细孔聚乙烯泡沫塑料和由涤纶、丙纶、腈纶等原料制成的合成纤维毡(俗称无纺布)。有一次性使用和可清洗的两种。由于滤料厚度和速度的不同,它包括很大的效率范围,滤速一般在 $0.2\sim1.0~m/s$。

(三)高中效过滤器

高中效过滤器能较好地去除 $1~\mu m$ 以上的粉尘粒子,可做净化空调系统的中间过滤器和有一般净化要求的送风系统的末端过滤器。高中效空气过滤器的常用滤料是无纺布。

(四)亚高效过滤器

亚高效过滤器能较好地去掉 $0.5~\mu m$ 以上的粉尘粒子,可做净化空调系统的中间过滤器和低级别净化空调系统($\geqslant100~000$ 级,M6.5 级)的末端过滤器。

亚高效过滤器采用超细玻璃纤维滤纸或聚丙烯滤纸为滤材,经密摺而成。密摺的滤纸由纸隔板或铝箔隔板做成的小插件间隔,保持流畅通道,外框为镀锌板、不锈钢板或铝合金型材,用新型聚氨酯密封胶密封。可广泛用于电子、制药、医院、食品等行业的一般性过滤,也可用于耐高温场所。

(五)高效过滤器

高效过滤器主要用于过滤掉 $0.5~\mu m$ 以下的亚微米级尘粒,高效过滤器是净化空调系统的终端过滤设备和净化设备的核心。

常用的高效过滤器有 GB 型(有隔板的折叠式)和 GWB 型(无隔板的折叠式)。GB 型高效过滤器滤料为超细玻璃纤维滤纸,孔隙非常小。采用很低的滤速(以 cm/s 计),这就增强了对小尘粒的筛滤作用和扩散作用,所以,具有很高的过滤效率,同时,低滤速也降低了高效过滤器的阻力,初阻力一般为 $200\sim250~Pa$。

由于滤速低($1\sim1.5~cm/s$),所以需将滤纸多次折叠,使其过滤面积为迎风面积的 $50\sim60$ 倍。折叠后的滤纸间通道用波纹分隔片隔开。

第八节　泵 与 风 机

一、水泵种类与选择

(一)水泵种类

水泵按照工作原理大致分为以下三类。

▶▶ 1.动力式泵

动力式泵可分为离心泵、混流泵、轴流泵和旋涡泵。

动力式泵靠快速旋转的叶轮对液体的作用力,将机械能传递给液体,使其动能和压力能增加,然后再通过泵缸,将大部分动能转换为压力能而实现输送。动力式泵又称叶轮式泵或叶片式泵。离心泵是最常见的动力式泵。

离心泵又可分单级泵、多级泵。单级泵可分为单吸泵、双吸泵、自吸泵和非自吸泵等。多级泵可分为节段式和涡壳式。混流泵可分为涡壳式和导叶式。轴流泵可分为固定叶片和可调叶片。旋涡泵也可分为单吸泵、双吸泵、自吸泵和非自吸泵等。

▶▶ 2.容积式泵

容积泵可分为往复泵和转子泵。

容积式泵是依靠工作元件在泵缸内作往复或回转运动,使工作容积交替地增大和缩小,以实现液体的吸入和排出。工作元件作往复运动的容积式泵称为往复泵,作回转运动的称为回转泵。前者的吸入和排出过程在同一泵缸内交替进行,并由吸入阀和排出阀加以控制;后者则通过齿轮、螺杆、叶形转子或滑片等工作元件的旋转作用,迫使液体从吸入侧转移到排出侧。

▶▶ 3.喷射式泵

喷射式泵是靠工作流体产生的高速射流引射流体,然后通过动量交换而使被引射流体的能量增加。

(二)泵的选用原则

(1)根据输送液体物理化学(温度、腐蚀性等)性质选取适用的种类泵。

(2)泵的流量和扬程能满足使用工况下的要求,并且应有 $10\%\sim20\%$ 的富余量。

(3)应使工作状态点经常处于较高效率值范围内。

(4)当流量较大时,宜考虑多台并联运行;但并联台数不宜过多,尽可能采用同型号泵并联。

(5)选泵时必须考虑系统静压对泵体的作用,注意工作压力应在泵壳体和填料的承压能力范围之内。

(三)水泵的选用方法

➤➤ 1. 流量 Q 和扬程 H

确定需要输送的最大流量 Q_{max},由管路水力计算确定的最大扬程 H_{max}。考虑一定的富余量。

$$Q=(1.05\sim1.10)Q_{max}$$

$$H=(1.10\sim1.15)H_{max}$$

➤➤ 2. 泵的种类选择

分析泵的工作条件,如液体的温度、腐蚀性、是否清洁等,并根据其流量、扬程范围,确定泵的类型(清水泵、耐酸泵、热水泵、油泵、污水泵)。

➤➤ 3. 确定工况点

利用泵的综合性能曲线,进行初选,确定泵的型号、尺寸及转数。将泵的性能曲线 Q-H 与管路系统的特性曲线 R 绘在同一张直角坐标图上,二者的交点即是工况点,进而定出效率和功率。

二、风机种类与选择

(一)风机种类

一般建筑工程中常用的通风机,按照其工作原理可分为离心式和轴流式两大类。相比之下,离心式风机的压头较高,可用于阻力较大的送排风系统;轴流式则风量大而压头较低,经常用于系统阻力小甚至无管路的送排风系统。

混流式风机又称作斜流式风机,是介于离心式风机和轴流式风机之间的近期应用较多的一种风机。其压头比轴流风机高,而流量比同机号的离心风机大。输送的空气介质沿机壳轴向流动,具有结构紧凑、安装方便等特点。多用于锅炉引风机、建筑通风和防排烟系统中。

由于空调技术的发展,要求有一种小风量、低噪声、压头适当并便于与建筑相配合的小型风机——贯流式(又称横流式)风机。其动压高,可以获得无紊流的扁平而高速的气流,因而,多用于空气幕(热风幕)、家用电扇,并可作为汽车通风、干燥器的通风装置。

(二)风机的选用原则

(1)根据风机输送气体的物理、化学性质的不同,如有清洁气体、易燃、易爆、粉尘、腐蚀性等气体之分,选用不同用途的风机。

(2)风机的流量和压头能满足运行工况的使用要求,并应有 10%~20% 的富余量。

(3)应使风机的工作状态点经常处于高效率区,并在流量-压头曲线最高点的右侧下降段上,以保证工作的稳定性和经济性。

(4)对有消声要求的通风系统,应首先选择效率高、转数低的风机,并应采取相应的消声减振措施。

(5)尽可能避免采用多台并联或串联的方式,当不可避免时,应选择同型号的风机联合工作。

（三）风机的选用

▶▶ 1. 通风机的规格表示

机号,以风机叶轮直径的 d_m 值(尾数四舍五入)冠以符号"No"表示。例如,以 No6 表示 6 号风机。

▶▶ 2. 风机的工作状态点

不考虑通风系统的吸风口和出风口处存在有静压差这一特殊情况,管网的特性曲线取决于管网的总阻抗,并用下式表示,即

$$p = SQ^2$$

其呈抛物线向上,随流量的增大而增大。风机特性曲线和管网特性曲线的交点即为风机在管网中的工况点。

▶▶ 3. 风机的功率

风机所需的轴功率 N_z(W)为

$$N_z = \frac{Qp}{3600\eta\eta_m}$$

式中:Q——风机所输送的风量,m^3/h;

P——风机所产生的风压(全压),Pa;

η——风机的全压效率;

η_m——风机的机械效率。

配用电机的功率 N,可以按照下式计算:

$$N = KN_z$$

式中:K——电动机容量安全系数。

▶▶ 4. 风机的比转数

风机的比转数况,表示风机在标准状态下流量 Q(m^3/h)、压力 p(Pa)和转数 n(r/min)之间的关系,同一类型的风机,其比转数必然相等。

$$N_s = \frac{nQ^{0.5}}{(\frac{p}{9.8})^{0.75}}$$

第四章 供暖锅炉房及换热站设备安装

第一节 热水供暖锅炉房系统和设备

一、热水供暖锅炉房系统

(一)锅炉基本结构

锅炉是利用燃料燃烧释放出的热能,加热锅筒内的低温水,从而产生规定参数(压力和温度)的水蒸汽、热水的热工设备。作为供热之源,工业锅炉广泛应用于国民经济的各个部门,尤其在建筑的供暖、空调及热水供应等方面,与我们的日常生活密切相关。

下面以 SHL 型锅炉(双锅筒横置式链条炉排锅炉)为例,简要介绍锅炉的基本构造。

锅炉是由"锅"和"炉"两部分组成。

所谓"锅",就是将高温烟气的热量传给低温水,又将低温水加热为热水或蒸汽的汽水系统。锅是由锅筒和管束组成的一个封闭的热交换器,它是由锅筒(又称汽包)、管束(水冷壁、对流管束)、集箱和下降管等组成的一个封闭汽水系统。水冷壁管是布置在炉膛四周的排管,对流管束是布置在炉膛后面的排管。锅的作用是使管束内的水不断吸收烟气的热量,以产生一定压力和温度的热水或蒸汽。

所谓"炉",就是将燃料的化学能转变为热能的燃烧设备。它是由煤斗、炉排、炉墙、炉顶、除渣板、送风装置等组成的一个烟风系统。其作用是使燃料充分燃烧放出热量。

在锅炉结构中,除由锅筒、水冷壁管、对流管束组成的主要受热面外,还有辅助受热面,包括蒸汽过热器、省煤器和空气过热器。蒸汽过热器的作用是将锅炉中的饱和蒸汽加热成为过热蒸汽。省煤器的作用是利用锅炉的排烟余热来加热锅炉的给水。空气预热器的作用是利用锅炉的排烟余热来加热送入炉内的冷空气。通常将以上"锅"和"炉"及各受热面合称为锅炉本体。

此外,为了保证锅炉安全、可靠地工作,锅炉还必须装设压力表、安全阀、水位计、高低水位警报器、主汽阀、排污阀等;还有用来消除受热面上积灰以利传热的吹灰器,以提高锅炉运行的经济性。

(二)锅炉的运行过程

锅炉运行时包括三个同时进行着的过程,即燃料的燃烧过程,燃料燃烧生成的高温烟气向水传递热量的过程,以及热水和蒸汽的产生过程。

下面以链条炉为例,说明燃料的燃烧过程。

第一,燃料的燃烧过程。锅炉燃烧所需要的煤,经运煤设备送至锅炉煤斗,然后通过煤闸板,随着链条炉排的移动,不断落到炉排上,送进炉膛燃烧,燃料一面燃烧,一面向后移动;燃烧所需空气由风机送入炉排下面,向上穿过炉排到燃烧层,进行燃烧反应形成高温烟气。燃料最后燃尽成灰渣,在炉膛末端被渣板铲除至灰渣斗后排出。

燃烧过程进行的完善与否,是锅炉运行是否正常的主要条件之一。要保证良好的燃烧必须要有高温的环境,必须满足适量的空气和空气与燃料的良好混合,使燃料在燃烧过程中有足够的时间。为了使锅炉的燃烧稳定、持续地进行下去,还必须连续不断地供给燃料和排出烟气与灰渣。

第二,高温烟气向水传递热量的过程。燃烧生成的高温烟气,首先和布置在炉膛四周的水冷壁进行强烈的辐射换热,将热量传递给管中的水或汽水混合物;高温烟气从炉膛上部经蒸汽过热器,使锅中产生的饱和蒸汽在烟气加热下得到过热;然后流经胀接在上下锅筒间的对流管束,以对流换热的方式将热量传递给管内的水;最后进入尾部烟道,和省煤器及空气过热器内的工质进行热交换后,排出锅炉。

传热过程能否良好地进行,直接影响到锅炉运行的安全性和经济性。当在受热面内、外侧沉积水垢和积存灰垢时,会导致受热面金属壁温度升高而产生过热损坏,同时将导致锅炉热效率下降,浪费燃料。

第三,蒸汽的产生过程。蒸汽的产生过程也称为水的加热和汽化过程,它主要包括水循环和汽水分离过程。经过处理水质合格的给水,由水泵打入省煤器而得到预热,然后进入上锅筒。上锅筒内的炉水,不断通过在烟气温度较低区域的对流管束进入下锅筒。下锅筒的水,一部分进入连接炉膛水冷壁管的下集箱,在水冷壁内受热不断汽化,形成汽水混合物上升至上集箱或进入上锅筒。另一部分进入烟气温度较高的对流管束,部分炉水受热汽化,汽水混合物升至上锅筒。进入上锅筒的蒸汽经汽水分离后,经出汽管进入蒸汽过热器继续受热,成为过热蒸汽送到用户。

锅炉运行的三个过程是同时进行的,其中任何一个过程如不能正常运行,都会影响锅炉运行的经济性和安全性。

(三)锅炉的基本特性

为区别各类锅炉构造、常用燃料、燃烧方式、容量大小、参数高低以及运行经济性等特点,我们常用下列锅炉基本特性来说明。

▶▶ 1.蒸发量、热功率

(1)蒸发量

蒸发量是指蒸汽锅炉每小时所产生的额定蒸汽量,用以表征锅炉容量的大小。蒸发量常用符号 D 来表示,单位是 t/h。

(2)热功率(供热量、产热量)

供热锅炉,可用额定热功率来表征容量的大小,常以符号 Q 来表示,单位是 MW。

(3)热功率与蒸发量之间的关系。

对于蒸汽锅炉:

$$Q = 0.000278D(i_q - i_{gs}) \tag{4-1}$$

式中:D——锅炉的蒸发量,单位为 t/h;

i_q、i_{gs}——分别为蒸汽和给水的焓,单位为 kJ/kg。

对于热水锅炉:

$$Q = 0.000278G(i'_{rs} - i''_m) \tag{4-2}$$

式中:G——热水锅炉每小时输出的水量,单位为 t/h;

i'_{rs}、i''_m——锅炉进、出热水的焓,单位为 kJ/kg。

▶▶ 2.蒸汽(或热水)参数

第一,压力锅炉出口处蒸汽或热水的额定压力(表压力),用符号 p 表示,单位 MPa。

第二,温度锅炉出口处过热蒸汽或热水的温度,用符号 t 表示,单位 ℃。

注:对生产饱和蒸汽的锅炉来说,一般只标明蒸汽压力,对生产过热蒸汽(或热水)的锅炉,则需标明压力和蒸汽(或热水)温度。

▶▶ 3. 受热面蒸发率、受热面发热率

(1)锅炉受热面

锅筒和附加受热面等与烟气接触的金属表面积,即烟气与水(或蒸汽)进行热交换的金属表面积。

工程上一般以烟气放热的一侧来计算受热面的大小,用符号 H 表示,单位为 m^2。

(2)受热面蒸发率

每平方米受热面每小时所产生的蒸汽量,用符号 D/H 表示,单位为 $kg/(m^2 \cdot h)$。

但各受热面所处的烟气温度水平不同,它们的受热而的蒸发率也有很大差异。对整台锅炉的总受热面来说,这个指标只反映蒸发率的一个平均值。

(3)受热面发热率

热水锅炉每平方米受热面每小时生产的热量,用符号 Q/H 表示,单位为 $kJ/(m^2 \cdot h)$ 或 MW/m^2

一般供热锅炉的 D/H<30~40 $kJ/(m^2 \cdot h)$,热水锅炉的 Q/H<8370 $kJ/(m^2 \cdot h)$ 或 Q/H<0.02325 MW/m^2。

受热面蒸发率或发热率越高,则表示传热好,锅炉所耗金属量少,锅炉结构也紧凑。

▶▶ 4. 锅炉的热效率

锅炉的热效率是指每小时进入锅炉的燃料完全燃烧时所放出的热量中,有百分之几十被有效利用了。所谓有效利用,对于蒸汽锅炉就是生产蒸汽,对于热水锅炉就是用来提高水温。因此,锅炉的热效率是锅炉最重要的经济指标,它表明锅炉设备的完善性、先进性和运行管理的水平。热效率常用符号"η"表示。一般工业锅炉的效率在 60%~80% 左右。

锅炉的热效率可以通过试验的方法测定出来。要测定锅炉的效率,就需要使

锅炉在正常运行工况下,建立锅炉的热量收、支平衡关系,通常称为"热平衡"。

(1)锅炉的热平衡方程式

加入锅炉炉膛里的燃料由于各种因素的影响,不可能全部燃烧,也就是说燃料所含的热量不可能全部释放出来,锅炉内的工质也不可能将燃料释放出的热能全部吸收,工质吸收的热量只是燃料化学能的一部分,对于锅炉来说,其余的热量都损失掉了。

锅炉热平衡是以 1 kg 燃料为单位进行讨论的。1 kg 燃料带入炉内的热量及锅炉的有效利用热量和损失热量的关系如图 4-1 所示。

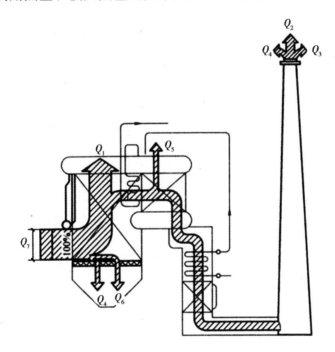

图 4-1　锅炉热平衡示意图

供给锅炉热量＝有效利用热＋各项热损失。即

$$Q_r = Q_1 + Q_2 + Q_3 + Q_4 + Q_5 + Q_6 \qquad (4-3)$$

式中：Q_r——每千克燃料带入锅炉的热量,kJ/kg；

Q_1——锅炉有效利用热,kJ/kg；

Q_2——锅炉排烟热损失,kJ/kg；

Q_3——气体不完全燃烧热损失,kJ/kg；

Q_4——固体不完全燃烧热损失,kJ/kg；

Q_5——锅炉散热损失,kJ/kg；

Q_6——灰渣热损失,kJ/kg。

式(4-3)称为锅炉的热平衡方程式。如果在等式两边分别除以 Q_r,则锅炉热平衡可用带入热量的百分数表示,即

$$1=\frac{Q_1}{Q_r}+\frac{Q_2}{Q_r}+\frac{Q_3}{Q_r}+\frac{Q_4}{Q_r}+\frac{Q_5}{Q_r}+\frac{Q_6}{Q_r}$$

如将上式中 $\frac{Q_1}{Q_r}$、$\frac{Q_2}{Q_r}$、$\frac{Q_3}{Q_r}$、…分别用 q_1、q_2、q_3、…来表示,则该式可写成:

$$1=q_1+q_2+q_3+q_4+q_5+q_6 \tag{4-4}$$

式(4-4)是锅炉热平衡方程的另一种形式,是有效利用热占 1 kg 燃料所具有热量的份额,即 $\eta=q_1=\frac{Q_1}{Q_r}\times100\%$;$q_2$,$q_3$,$q_4$,$q_5$,$q_6$ 分别表示排烟热损失、气体不完全燃烧损失、固体不完全燃烧热损失、散热损失和灰渣热损失占 1 kg 燃料所具有热量的比例。

有时为了概略反映或比较供热锅炉运行的经济性,常用"煤汽比"或"煤水比"来表示,就是指每 1 kg 燃煤能产生多少 kg 蒸汽。

(2)锅炉的各项热损失

①排烟热损失 Q_2。

烟气离开锅炉排入大气时,烟气温度比冷空气的温度要高得多,排烟所带走的热量损失简称排烟热损失。排烟温度越高,排烟热损失越大。工业锅炉的排烟热损失一般为 8%~18%。

②气体不完全燃烧热损 Q_3。

它是燃烧中的部分可燃气体没有在炉膛中燃烧放热就随烟气排走而造成的损失。气体不完全燃烧热损失一般很小,层燃炉为 1%~2%,燃油炉为 0.1%~0.2%。

③固体不完全燃烧热损失 Q_4。

用固体燃料的锅炉,从炉排下排走的灰渣和随烟气带走的飞灰,都含有未燃烧完的煤粒和碳粒,这些没有燃烧的固体可燃物所含有的热量,就是锅炉的固体不完全燃烧热损失。它也是锅炉热损失中较大的一项。固体不完全燃烧热损失,层燃炉 5%~15%,煤粉炉为 1%~5%,气炉和油炉为零。

④炉体散热损失 Q_5。

当锅炉运行时,炉墙、钢架、管道和其他附件等表面温度都比四周空气温度

高,炉体表面向外散热而造成的损失称为炉体散热损失。工业锅炉的散热损失一般在 1.0%～5.0% 之间。

① 灰渣热损失 Q_6。

温度很高的灰渣排出炉外时带走的热量称为灰渣热损失。燃用烟煤和无烟煤等灰分含量较少的燃料,其灰渣热损失一般不大,可忽略不计。对于燃用灰分很高的劣质煤或者排渣温度很高的沸腾炉,灰渣热损失有时高达 10%,不可忽略,一般情况为 1%～2%。

▶▶▶ 5. 锅炉的金属耗率及耗电率

锅炉不仅要求热效率高,而且也要求金属材料消耗量低,运行时耗电量少,但是这三方面常是相互制约的。因此,衡量锅炉总的经济性应从这三方面综合考虑,切忌片面性。

金属耗率,就是相应于锅炉每吨蒸发量所耗用的金属材料的重量,目前生产的供热锅炉这个指标为 2～6t/t。

耗电率则为产生 1 t 蒸汽耗用电的度数;耗电率计算时,除了锅炉本体配套的辅机外,还涉及破碎机、筛煤机等辅助设备的耗电量,一般为 10 kWh/t 左右。

(四)锅炉的分类

随着锅炉工业的不断发展,其种类越来越多,分类方式也很多。下面介绍几种常用的分类方法。

▶▶▶ 1. 按用途分类

锅炉按用途分为电站锅炉和工业锅炉两大类。一般把额定出口压力 3.82 MPa、容量 35 t/h 以上用以发电的蒸汽锅炉称为电站锅炉。把工业用汽和供热的锅炉称为工业锅炉。工业锅炉又分为蒸汽锅炉和热水锅炉。

▶▶▶ 2. 按锅炉出口压力分类

(1)低压锅炉

工作压力不大于 2.5 MPa 的锅炉。

（2）中压锅炉

工作压力为 3.0～5.0 MPa 的锅炉。

（3）高压锅炉

工作压力为 8.0～11.0 MPa 的锅炉。

▶▶ 3. 按输出介质分类

锅炉按输出介质不同可分为蒸汽锅炉、热水锅炉。

▶▶ 4. 按循环方式分类

锅炉按循环方式不同可分为自然循环锅炉、强制循环锅炉。一般蒸汽的电站锅炉和工业锅炉均采用自然循环形式。

▶▶ 5. 按燃料种类分类

锅炉按燃料种类不同，可分为燃煤锅炉、燃油锅炉、燃气锅炉和特种燃料的锅炉。

▶▶ 6. 按锅炉结构分类

锅炉按锅炉结构不同可分水管锅炉、火管锅炉、水火管混合式锅炉。

▶▶ 7. 按运输安装方式分类

锅炉按运输安装方式不同可分为快装锅炉、组装锅炉、散装锅炉。

▶▶ 8. 按燃烧方式分类

锅炉按照燃烧方式不同可分为层燃炉、室燃炉、沸腾炉。层燃炉是燃料被层铺在炉排上进行燃烧的炉子，是目前国内供热燃煤锅炉中应用最多的一种燃烧设备。室燃炉是燃料随空气流进炉膛呈悬浮状态燃烧的炉子，又名悬燃炉，如煤粉炉、燃油煤、燃气炉均为此种炉型。沸腾炉是燃料在炉膛中被由下而上送入的空气流托起，并上下翻腾而进行燃烧的炉子，是目前燃用劣质燃料和脱硫及减少氮氧化物颇为有效的一种燃烧设备，有利于减少环境污染，是国家提倡使用的一种炉型。

(五)锅炉的型号

我国工业锅炉型号由三部分组成,各部分之间用短横线相连。

▶▶ 1. 型号的第一部分表示锅炉形式、燃烧方式和蒸发量

共分三段:第一段用两个汉语拼音字母代表锅炉本体形式;第二段用一个汉语拼音字母代表燃烧方式(废热锅炉无燃烧方式代号);第三段用阿拉伯数字表示蒸发量或额定热功率(废热锅炉则以受热面 m^2 表示)。

水管锅炉有快装、组装和散装三种形式。为了区别快装锅炉与其他两种形式,在型号的第一部分的第一段用 K(快)代替锅筒形式代号,组成 KZ(快、纵)、KH(快、横)用和 KL(快、立)三个形式代号。对纵横锅筒式也用 KZ(快、纵)形式代号,强制循环式 KQ(快、强)形式代号。

▶▶ 2. 型号的第二部分表示蒸汽(或热水)参数

共分为两段,中间以斜线分开。第一段用阿拉伯数字表示额定蒸汽压力或允许工作压力;第二段用阿拉伯数字表示过热蒸汽(或热水)温度。生产饱和蒸汽的锅炉,无第二段和斜线。

▶▶ 3. 型号的第三部分表示燃料种类

以汉语拼音字母代表燃料类别,同时以罗马字代表燃料品种分类与其并列。如同时使用几种燃料,则设计主要燃料代号放在前面。

如型号为 SHL10－1.25/350－WH 锅炉,表示为双锅筒横置式链条炉排锅炉,额定蒸发量为 10 t/h,额定工作压力为 1.25 MPa,出口过热蒸汽温度为 350 ℃,燃用Ⅱ类无烟煤的蒸汽锅炉。

又如型号 QXW2.8－1.25/90/70－AⅡ锅炉,表示为强制循环往复炉排锅炉,额定热功率为 2.8 MW,允许工作压力为 1.25 MPa,出水温度为 90 ℃,进水温度为 70 ℃,燃用Ⅱ类烟煤的热水锅炉。

二、热水供暖锅炉房设备

（一）锅炉房设备组成

➤➤ 1.锅炉本体

通常将构成锅炉的基本组成部分称为锅炉本体,包括主要受热面(锅筒、水冷壁管、对流管束)和附加受热面(蒸汽过热器、省煤器、空气过热器),其中省煤器和空气过热器因装设在锅炉尾部的烟道中,又称为尾部受热面。

➤➤ 2.锅炉房的附属系统

以燃煤锅炉为例,锅炉房的附属系统,可按它们围绕锅炉所进行的工作过程,由以下几个系统组成。

（1）运煤、除灰系统

其作用是将燃料连续不断地供给锅炉燃烧,同时又将生成的灰渣及时排走。运煤系统是由多斗提升机、皮带输送机和炉前煤仓组成;除灰系统是由锅炉灰斗、除渣机和运灰车组成。

（2）送、引风系统

其作用是向锅炉供给燃料燃烧所需的空气以及排走燃料燃烧后生成的烟气,以保证燃烧的正常进行。该系统由送风机、引风机和风道、烟道烟囱组成。为了减少烟尘对环境和大气的污染,在排烟系统中还需设置除尘器。

（3）水、汽系统(包括排污系统)

其作用是不断地向锅炉供给质量合格的水,并将锅炉产生的热水或蒸汽送往各用热部门。水、汽系统通常是由水处理设备、水泵、水箱、分集水器(或汽分缸)及汽水管道等组成。

（4）仪表控制系统

除了锅炉本体上装有的仪表外,为监督锅炉设备安全经济运行,还常设有一系列的仪表和控制设备,如安全阀、压力表、水位计、温度计、水位报警器、风压计、烟温计、水表、蒸汽流量计以及各种自动控制设备。

以上所介绍的锅炉辅助设备,并非每一个锅炉房千篇一律,配备齐全,而是随锅炉的容量、形式、燃料特性和燃烧方式以及水质特点等多方面的因素因地制宜、因时制宜,根据实际要求和客观条件进行配置。

(二)热水锅炉

生产热水的锅炉称为热水锅炉。热水锅炉是随着供热工程的需要而发展起来的。热水锅炉发展速度很快,目前我国热水锅炉的年产量(台数和容量)已占工业锅炉年总产量的27%。

热水锅炉按热水温度分高温热水锅炉和低温热水锅炉,出水温度在100 ℃为分界温度,即出水温度高于100 ℃的为高温热水锅炉,出水温度在100 ℃以下的为低温热水锅炉。

热水锅炉在设计、制造、运行中应注意下列几个特殊问题。

第一,在运行中一定要防止锅水汽化,特别是突然停电时,炉膛温度很高,锅内水因不流动而汽化,产生水击,损坏设备。

第二,由于热水回水温度较低,在低温受热面的外表面容易发生低温腐蚀和堵灰。

第三,热水锅炉常与供热管网及用户系统直接连接,要防止管网和用户系统内的污垢、铁锈和杂物进入锅炉,以致堵塞炉管,造成爆管事故。

热水锅炉种类很多,下面介绍常用的几种。

▶▶ 1. 角管式强制循环热水锅炉

(1)基本构造

强制循环热水锅炉一般不装锅筒,而是由受热的并联排管和集箱组成,又称为管架式热水锅炉。此型锅炉由前、后两部分组成,前面为炉膛,后面为对流烟道,中间用隔火墙隔开,隔火墙上部设置烟窗,后墙水冷壁在此处形成凝渣管。热水的循环动力是由供热网路的热水循环水泵提供的,迫使水在受热而中流动吸热。

锅炉四角布置4根垂直的大直径管子(即下降管),大直径管与集箱连通,炉膛四周的膜式水冷壁固定在上下集箱间,角管、集箱、膜式水冷壁构成一个整体,承受锅炉上部结构与水的全部荷重,并由这4根角管将荷载传递给锅炉基础。所以该型锅炉又称为角管式锅炉。

该型锅炉热功率为 2.5~86 MW,最高出水温度达 220 ℃。

(2)烟气流程

燃烧器设在锅炉前墙下部。燃料燃烧后生成的高温烟气,上行至炉膛出门烟窗,折转后进入对流烟道,横向冲刷对流受热面,从对流烟道底部流出锅炉,经除尘器、引风机、烟囱排入大气。

(3)水流程

图 4-2 为 HWIOOU 型角管式强制循环热水锅炉水流程原理图,回水由循环水泵经锅炉对流受热面进口集箱,送入对流受热面,经带中间隔板的上集箱通过角管送入水冷壁下集箱,从而分配送入炉膛四周水冷壁,加热至所需温度后汇集到布置在锅炉顶部的热水出口集箱,经供水阀送往用户。

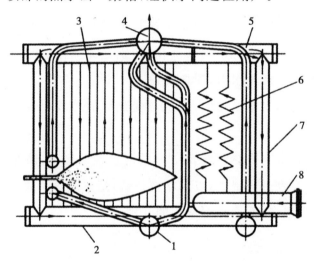

图 4-2 角管式强制循环热水锅炉水程原理图

1—水冷壁分配集箱;2—侧墙水冷壁下集箱;3—侧墙水冷壁;4—热水出口;5—侧墙水冷壁集箱;

6—对流受热面;7—角管;8—回水进口集箱

(4)特点

角管式锅炉是新型锅炉产品,它具有以下特点。

①锅炉采用膜式水冷壁,实现微正压燃烧,燃烧完全;密封性能好,漏风少,排烟热损失小;膜式水冷壁外侧采用敷管炉墙,属于轻型炉墙,既减轻重量,保温性能又好,散热损失小。因此,锅炉热效率高。

②锅炉自重完全靠自身的受压部件承担,省去了钢架结构,既减轻锅炉重量,又节省钢材。

③角管式锅炉结构紧凑,利于整装或组装制造和运输,安装周期短。

▶▶ 2. 常压热水锅炉

随着城市建设事业的发展和人民生活水平的不断提高,我国住宅建筑集中供暖和生活热水供应设施发展速度很快。大型集中供热工程难以满足高速发展的需求,而小型分散的锅炉房由于投资少,建设周期短,使用方便灵活,每年都有大量的这类锅炉房投入运行,尤其是"三北"地区。在这些小型工业锅炉中,常压热水锅炉很受物业管理部门和业主的青睐。

常压热水锅炉的结构形式与小型承压热水锅炉基本相同,有立式水管、立式火管、卧式火管、卧式水火管等形式,使用燃料有煤、油、燃气等。所不同的是常压锅炉工质的压力是大气压(即常压),亦即表压力为零,故也称为无压锅炉。这种锅炉本体是敞开的,直接与大气相通,一般锅炉制造时在本体上开一个流通面积足够大的孔,以便安装通气管,这就保证了在锅炉水位线上,表压力永远为零。

常压锅炉具有以下两大优越性。

第一,常压锅炉本身不带压,不属于压力容器,锅壳、炉胆、锅筒和管道不会因超压而发生爆炸事故。

第二,因无承压部件,制造工艺和材质要求都不高,可用普通钢材和较薄的壁厚,节省钢材、制造方便、成本低。

常压热水锅炉在使用中应特别注意以下问题。

第一,常压热水锅炉的供热系统与承压热水锅炉是不相同的,主要是循环水泵安装的位置不同。承压热水锅炉循环水泵是安装在供热系统回水管道上,而常压热水锅炉循环水泵是安装在供热水管道上,为保证循环水泵安全可靠运行,要求热水温度不宜超过 90 ℃。

第二,常压热水锅炉循环水泵相当于热水给水泵,其耗电量较承压热水锅炉耗电量大得多,而且随着建筑物高度增加,两者电耗量的差值也随之增大。

第三,运行中的常压热水锅炉突然停电时,系统回水倒回锅炉,造成锅炉由通气孔跑水,因此,在供热系统设计时,宜在高于锅炉本体的位置增设缓冲水箱和采取相应的自控措施。

第四,由于回水温度较低,钢管受热面烟气侧易腐蚀,影响锅炉使用寿命。

为了规范常压热水锅炉的设计、制造和使用,国家有关行政管理部门已制定和发布了相关的法规和标准,如《小型和常压热水锅炉安全监察规定》《常压热水锅炉制造许可证条件》《小型锅炉和常压热水锅炉技术条件》等。

▶▶ 3. 燃油锅炉

工业锅炉采用的液体燃料有重油、柴油和原油,就我国目前情况看,燃油炉主要配置于中、小容量的锅炉,而大多数锅炉燃用重油。通常重油由储油罐经油管输入锅炉房,经预热处理后由油泵升压,借助油喷嘴将油雾化成很细的雾状粒子送入炉内燃烧,但对于轻质油无须预热。燃油炉是一种室燃炉。

由于燃料油的汽化温度比其着火温度低得多,它在炉内受热先蒸发成油气,而后遇氧即着火燃烧。要想获得良好的燃烧效果,必须使油与空气有很好的接触、混合,其接触面积的大小就决定了燃烧速度。因此,燃料油必须借助油喷嘴(又叫油雾化器),把油雾化成雾状粒子,并使油雾保持一定的雾化角和流量密度,使其与空气混合,以强化燃烧过程和提高燃料效率。

另外,燃料油都是属于碳氢化合物,在着火前如没有预先和空气混合好,让其在炉膛内边混合边燃烧时,会因火焰内部缺氧而使碳氢化合物热分解,生成炭黑。因此,要配置调风器,它不仅可以将燃烧所需的空气送入炉内,而且还能使进入炉内的空气形成有利的气流形状和速度分布,使之与油喷嘴喷出的油雾很好地混合,促成着火容易,火焰稳定及燃烧良好的运行工况。

油喷嘴和调风器组成了燃油锅炉的燃烧器。

▶▶ 4. 燃气锅炉

锅炉燃用的气体燃料,主要指天然气和冶炼企业中的高炉煤气及焦炉煤气。燃气锅炉也是一种室燃炉。

气体燃料的燃烧属于单相燃烧反应,着火和燃烧比固体燃料容易。燃烧速度与燃烧的完全程度取决于气体燃料与空气的混合,混合越好,燃烧越迅速、完全、火焰也越短。燃用气体燃料的锅炉可以取较大的炉膛容积热强度,炉膛容积相对做得小,而且不存在对燃料的预热处理、受热面结渣、烟气除尘及锅炉排渣,锅炉辅助设备精简,节省初投资。此外,燃气锅炉负荷调节性能好,易实现自动化控制,减轻劳动强度,提高了运行管理水平。国外很多大容量及中小型锅炉采用气体燃料,我国目前有少数锅炉厂生产小型燃气工业锅炉,也引进了一批先进的气炉和油气两用锅炉。随着我国能源政策的调整,环境保护意识的增强以及气体资源的开发和各种煤的汽化技术的应用,将来,燃气锅炉会有一定程度的发展。当然,燃气炉也有一些缺点,如一旦煤气管道破裂或其他原因引起气源中断,锅炉就得停炉,气体与一定量的空气混合时还具有爆炸性,操作管理上应规范化、科学化。因此,燃气锅炉应有可靠的点火起动和停火运行措施。

(三)热水供暖锅炉房辅助设备

▶▶1. 运煤、除灰系统和设备

运煤、除灰设备是燃煤锅炉房的重要辅助设备之一,它直接关系到锅炉能否正常运行。同时,这一系统机械化程度的高低,也关系到工人的劳动强度与工作环境的卫生条件。因此,保证运煤、除灰系统长期安全运行是工业锅炉房管理的重要内容。

(1)运煤系统和设备

工业锅炉房的运煤系统是指把煤从储煤场运到炉前储煤斗的输送系统,包括煤的制备、转运、筛选、磁选和计量等。

室外煤场上的煤由装载机运送上煤斗,斜胶带输送机将煤经过电子皮带秤称量后,经电磁分离磁选,筛子筛出颗粒较大的煤进入碎煤机,经过多斗提升机提至锅炉房运煤走廊,最后由平胶带输送机通过犁式卸料器,将煤卸入炉前储煤斗,供锅炉燃烧使用。常用的运煤设备有以下几种。

①卷扬翻斗垂直上煤装置。卷扬翻斗垂直上煤装置是一种简易的间歇运煤设备,主要由卷扬机(电动机、减速器、滚筒、钢丝绳、控制器)、小翻斗、导轨组成。

②电动葫芦吊煤罐上煤装置。电动葫芦吊煤罐是一种既能水平运输,又能垂直运输的简易的间歇运煤设备,主要由电动葫芦、吊煤罐、导轨等组成。

③埋刮板输送机。埋刮板输送机是在一种封闭矩形断面的壳体内,借助运动着的刮板链条,连续输送的运煤设备,它可以做水平运输,也可垂直提升,而且还可以多点给料,多点卸料。

④带式输送机。带式输送机有固定式和移动式两种,它不仅可以做水平运输,也可按一定倾斜角度将物料向上输送。带式输送机是一种运行平衡可靠、连

续输送、易实现自动控制的运煤设备。

（2）除灰系统和设备

工业锅炉常用的除灰方式有人工除灰渣和机械除灰渣两种。人工除灰渣是锅炉房内灰渣的装卸和运输都依靠人力来完成，由工人将灰渣从灰渣坑中扒出装上灰车，然后推到灰渣场。机械除灰渣是锅炉房内灰渣的装卸依靠除灰渣设备来完成。常用的除灰渣设备有以下几种。

①刮板输送机。刮板输送机一般由链（单链或双链）、刮板、灰槽、驱动装置和尾部拉紧装置组成。

②螺旋出渣机。螺旋出渣机由驱动装置、出渣口、螺旋机本体、进渣口等组成。

③马丁出渣机。马丁出渣机主要由破碎机构、排渣机构、水封槽和驱动装置等组成。

④斜轮式出渣机。斜轮式出渣机，又称为圆盘式出渣机，主要由电动机、减速器、主轴、出渣轮、出渣槽等组成。

2. 送风、引风系统和设备

为了保证锅炉的正常工作，必须连续不断地向燃烧室提供充足而适量的空气和排除燃料燃烧产生的烟气，这就是送引风系统的任务。它分为送风系统和引风系统，送风系统主要由鼓风机和风管组成；引风系统主要由烟管、除尘器、引风机、烟道、烟囱等组成。

锅炉的送引风机一般是用离心式风机，其外壳为钢板焊成的蜗形体；风、烟管道可用钢板、砖、钢筋混凝土制作，其截面形状有圆形、矩形，烟道还有圆拱顶形；烟囱有钢板烟囱、砖烟囱和钢筋混凝土烟囱三种。

煤在锅炉中燃烧时，会产生大量粉尘和有害气体，如不加以防治，将会污染环境，危害人体健康，影响工农业生产。因此，消除锅炉运行时产生对环境的污染是一项重要工作，不可掉以轻心。

3. 水系统及设备

锅炉房水系统的设备是锅炉房的关键辅助设备，它包括锅炉及供暖系统补给水处理、补给水及循环水设备。

(1)循环水泵

在热水供暖系统中,热水的流动是以循环水泵为动力的。由于循环水泵是在封闭的管路中工作,水泵的吸入管路和压出管路均在水的静压力作用之下,因此,热水供暖系统中,循环水泵的压头仅消耗在克服热水锅炉房、室外供热管网、用户内部系统的阻力上,也就是说,循环水泵的压头不需要考虑用户系统的高度,而只需考虑热水供暖系统的压力损失。

常用的循环水泵为 R 型热水泵和 IS 型单级离心泵。循环水泵都为电动离心泵,一般都至少选择型号相同的两台,一台工作,一台备用。循环水泵的出水管上应装设截止阀和单向阀、压力表,进水口处装有闸阀,以便检修其中一台水泵时,另一台水泵仍能正常工作。循环水泵进出水的总管之间应装设防止停泵时产生水击及使水自然循环的通管,旁通管上装有单向阀。

循环水泵的流量,按锅炉进出水的设计温差,各用户的耗热量和管网热损失等因素决定。

(2)补给水泵

在采用补给水泵的热水供暖系统中,补给水泵的作用是补充系统的泄漏水也以防止系统产生缺水现象,这个补水量一般占到系统循环水量的 $1\% \sim 3\%$,有时,补给水泵还兼有对供暖系统的定压作用。补给水泵的吸水管与软化水箱相连,水泵入口处装有闸阀,水泵的出水管通常接到系统压力较低的循环水泵吸口处,出水口处设有截止阀和压力表,补给水泵的扬程,不应小于补水点压力另加 $30 \sim 50$ kPa 的富余量。补给水泵不宜少于两台,其中一台运行,一台备用。在系统发生事故需要大量补水时,可以将两台补水泵同时开启进行补水。常用的补给水泵为 IS 型单级离心泵。

(3)软化水设备

在锅炉使用的各种水源中,无论是天然水还是自来水,都含有一些杂质,不能直接用于锅炉的给水,必须经过水处理,否则在锅炉受热面内壁产生水垢,直接影响锅炉运行的安全性和经济性。水处理的任务是:降低水中钙、镁盐类的含量(俗称软化),防止锅内结垢,减少水中的溶解气体(俗称除氧),以减轻对受热面的腐蚀。

对大部分供热锅炉,给水经预先处理后进入锅炉,称为锅外水处理,对于一些小容量的供热锅炉,可以向锅炉(或给水箱)内投入药剂,使水中结垢物质生成松散的泥渣,通过排污排除的方法,称为锅内水处理。在锅外水处理中,通常用离子交换设备。离子交换设备的种类较多,有固定床、浮动床、流动床。

浮动床离子交换器,交换剂几乎装满交换器,原水以一定的速度从下向上通过交换器,交换剂层被水流托起呈悬浮状态,故称为浮动床离子交换器。由于运行时原水与再生液的流向相反,因而浮动床也是逆流再生方式。

流动床离子交换器是连续性工作的,能满足连续供水的要求,主要由交换塔和再生清洗塔组成,流动工艺流程分为软化(在交换塔中进行)、再生和清洗(均在再生清洗塔中进行)三部分。

固定床钠离子交换器是指运行时交换器中的交换剂层是固定不动的,一般原水由上而下经过交换层,使水得到软化。固定床交换器常用的规格用筒体的直径表示,有 $\Phi500\sim\Phi2000$ 等多种,交换器高有 1.5 m、2 m 及 2.5 m。固定床离子交换器按其再生运行方式不同,可分为顺流再生和逆流再生两种。现在多采用逆流再生固定床。

1)顺流再生钠离子交换器及其运行

顺流式再生是指交换运行时再生液的流动方向和原水流动方向相同,一般均由上向下。

顺流再生固定床离子交换器是由交换器壳体、进水装置、再生液分配装置、底部排水装置和顶部组成。

顺流再生离子交换器运行操作示意图如图 4-3 所示。

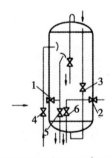

图 4-3 顺流再生离子交换器操作示意图

①软化

目的:使原水软化。

过程:上进下出。

操作:阀门 1 和 2 开启,其余阀门关闭。

要求:应定时对水质进行化验;当出水硬度达到规定的允许值时,应立即停止软化。

②反洗

目的:松动软化时被压实了的交换剂层,同时带走交换剂表层的污物和破碎的交换剂颗粒,为还原创造条件。

过程:下进上出。

操作:阀门 3 和 5 开启,其余阀门关闭。

要求:反洗强度以不冲走完好的交换剂颗粒为宜,一般为 15 m/h,反洗时间一般为 10～15 min。

③再生

目的:使失效的交换剂恢复交换能力。

过程:再生液下进上出。

操作:阀门 4 和 6 开启,其余阀门关闭。

要求:再生流速一般为 4～8 m/h。

④正洗

目的:清除交换剂中残余的再生剂和再生产物。

过程:冲洗水上进下出。

操作:阀门 1 和 6 开起,其余阀门关闭。

要求:废液放尽后,开始正洗,正洗速度为 6～8 m/h,正洗时间为 30～40 min。

2)逆流再生钠离子交换器及其运行

逆流式再生是指再生时再生液的流向和原水软化运行时的流向相反。通常盐液从交换器下部进入,上部排出。新鲜的再生液总是先与交换器底部尚未完全失效的交换剂接触,使其得到很高的再生程度,随着再生液继续向上流动,交换剂的再生程度逐渐降低,当再生液与上部完全失效的交换剂接触时,再生液仍具有一定的"新鲜性",再生液被充分利用。在软化运行时,水中钙、镁离子含量随着水流向下越来越少,而下部交换剂的再生程度很高,因此,交换反应仍能持续进行下去,使交换器的出水水质较好。

综上所述,逆流再生离子交换具有出水质量高、盐耗低等优点,所以被广泛采用。

在逆流再生时,由于再生液是从交换剂下部进入的,当再生液流速较高时,会使交换剂层产生扰动现象。这样,交换剂层上下层次被打乱,称为乱层。如果发生乱层现象,就失去了逆流再生的特点。为了防止乱层,逆流再生交换器在结构上和运行上都有一些相应的措施。在结构上,在交换剂表面层设有中间排水装置,使向上流动的再生液或冲洗水能均匀地从排水装置排走,而不使交换剂层发生扰动,另外在交换剂表面铺设 150～200 mm 厚的压实层,可用 25～30 目的聚乙烯白球或直接用失效树脂作为压实层。压实层还可以起过滤的作用,把水中带进的悬浮物挡住,保护交换剂。

压缩空气顶压法是从交换器顶部送入 0.03～0.05 MPa 的压缩空气,这是防止乱层的理想措施,但需增加空压机设备,压缩空气顶压法逆流再生操作步骤如下。

①小反洗。交换器运行失效时停止运行,反洗水从中排装置引进,经进水装置排走,以冲去积聚在表面层及中排装置以上的污物。反洗流速控制在 5～10 m/h,时间为 3～5 min。

②排水。开启空气阀和再生液出口阀,放掉中排管上部的水,使压实层呈干态。

③顶压。关闭空气阀和排再生液阀,开启压缩空气阀,从顶部通入压缩空气,并维持 0.03～0.05 MPa 顶压。

④再生。在顶压情况下,开启底部进再生液阀门,使再生液以 2～5 m/h 的流速从下部送入,随适量空气从中排装置排出。再生时间一般为 40～50 min。

⑤逆流冲洗。当再生液进完后,关闭再生阀门,开启底部进水阀,在有顶压的状态下进行逆流冲洗,从中排装置排水。时间一般为 30～40 min。

⑥小正洗。停止逆流冲洗和顶压,放尽交换器内的剩余空气,从顶部进水,由中间排水装置放水,以清洗渗入压实层中及其上部的再生液,流速为 10～15 m/h,时间约为 10 min。

⑦正洗。水从上部进入,由下部排放,直到出水符合给水标准,即可投入运行。

一般交换器在运行 20 个周期之后,要进行一次大反洗,以除去交换剂层中的污物和破碎的交换剂颗粒,此时从交换器底部进水,从顶部排水装置排水。由于大反洗松动了整个交换剂层,所以大反洗第一次再生时,再生剂用量要加大一些。

（4）软化水箱

在热水供暖锅炉房内,软化水箱和补给水箱两者合一,其作用是储存一定量的补给水,以确保锅炉对软化水的需求。软化水箱通常是钢板焊接而成,其结构配管及防腐要求与给水箱相同,一般可以设置在地面的支座上。

（5）分水器和集水器

当热水供暖系统有多个环路时,每个环管的供水管不可能从锅炉的出水总管上接出,一方面总管出水管上开孔过多,影响承压能力,另一方面也不便于调节。因此,在热水供暖锅炉房的供水管路上常设分水器,它可将一台或几台锅炉的出水管汇集在一起,然后又分别连接几个环路的供水管。

集水器的作用是将热水供暖系统多个环路的回水管汇集在一起,通过一个总回水管接至除污器,再到循环水泵吸入口。

分水器、集水器一般用无缝钢管制作,其直径、长度可根据接管的直径、数量,是否保温等因素确定。各进出水管上均应设阀门,以便于单独控制和调节流量,其上还装有压力表和温度计。

（6）除污器

除污器的作用是清除热水循环系统中的一些杂质,避免系统阻塞和减轻对循环水泵的磨损,以保证热水系统正常运行。因此,除污器设在系统回水总管标高最低的地方,即一般设在集水器和循环水泵入口之间,保证除污效果。

▶▶▶ 4.热水供暖锅炉房热力系统

该系统为一台热水锅炉,供暖系统分三个环路,通过分水器和集水器进行控制,锅炉房内还设有循环水泵和补给水泵各两台。系统循环水在进入循环水泵以前先经除污器除污,补给水泵的水来自补给水箱,即软化水箱,储存经离子交换器处理过的软化水,补给水泵的出水管与循环水泵的吸入管相连。锅炉排污经排水管道排走。

第二节　热水供暖换热站系统和设备

一、热水供暖换热站系统

热力站的作用是转换热介质种类,改变供热介质参数,分配控制及计量供给热用户热量的设施。热水供暖换热站是指通过换热设备和循环水泵将一次网热量按用户的需要:转送到供暖热用户的装置。热水供暖热力站,通常由换热系统、热水循环系统、补水定压系统、水处理系统、配电系统、仪表控制系统组成。把连接一级热网与二级热网,并装有换热设备、分配阀门、测量仪表和水泵的专用机房称为热力站。热力站可建在单体建筑内,也可布置在建筑物底层或地下室内。

(一)热力站设计的一般规定

第一,当需起重的设备数量较少且起重量小于 2 t 时,应采用固定吊钩或移动吊架。

第二,一般热力站,需起重的设备较轻,通常留有支设移动吊架的空间。

第三,当需起重的设备数量较多,需要移动且起重重量大于 2 t 时,应采用手动单轨单梁吊车。

第四,站内地坪到屋面梁底(屋架下限)的净高,除应考虑通风采光等因素外,还应考虑起重设备的需要,且应符合下列规定。

①当采用固定吊钩或移动吊架时,不应小 1 m。

②当采用单轨单梁桥式吊车时,应保持吊起物底部与吊运所越过的物体顶部之间有 0.5 m 以上的间距。

③当采用单轨单梁桥式吊车时,除符合②的规定外,还应考虑安装和检修的需要。

④站内要考虑设备清洗,检修场地;面积根据检修设备的需要的要求而定。

第五,站内各种设备和阀门的布置应便于操作和检修。

第六,站房需要有人值守时,站内设有值班室、配电室和卫生间。

(二)一级热网与热力站的连接

▶▶▶ 1. 间接连接方式

热水网与热力站的连接方式取决于一级网路热媒的压力、温度以及二级网路和热用户对热媒压力温度的要求。一级网供热半径较大,压力和温度较高,二级网供热半径小,压力和温度相对较小。由大型集中供热锅炉房通过供热介质向热力站输送热量的管网及附件为一级网路,供热介质可以是蒸汽或高温热水;由换热站通过热介质向热用户输送热量的管路及其附件为二级网路。一级网与二级网通过热力站连接起来。根据一级网的介质是否进入二级网路,一级网路与热力站的主要连接方式有间接连接和加混水泵的直接连接。一级热网的高温水(温度可为 110/70 ℃,120/70 ℃,130/70 ℃,130/80 ℃,150/80 ℃,…)通过热交换器加热二级热网用户的散热后的热水,加热到满足用户供热需要的温度再输送到用户,二次网换热后低温水(温度可达 65/50 ℃,80/60 ℃,90/70 ℃,95/70 ℃,…)与一级热网热水互相隔绝。热力站内设置二级热网的补水定压装置,补充二次网系统漏损的水和维持系统所需的水压。通常水源是生活给水管道,由给水箱存储一定时间的补水量,水的软化一般是在水箱内加软化剂。采用这种间接连接的方式,一级热网的水不进入热用户,失水量很小。而二级热网供水温度低,对补水水质要求低,不必进行除氧处理。因此,这是以热电厂或大型集中供热锅炉为热源的大中型供热系统中经常采用的一种连接方式。

▶▶ 2. 加混水泵的热力站

加混水泵的热力站如图 4-4 所示。处于一级热网尾端的热力站,资用压头小,会使流量过小。在这种情况下,比较常用的方法是在热力站内加混水泵,混水泵安装在分、集水器之间,抽集水器的回水压入供水分水器与供水混合进入二级供水网路。混水温度与压力参数的控制较间接连接困难,但省掉了换热设备,二次网失水严重时,容易造成一次网热源的故障。混水泵的扬程应根据供热系统水压图确定,为了方便调节流量,混水泵前后的阀门宜选用可进行流量调节的阀门(手动流量调节阀或蝶阀)。

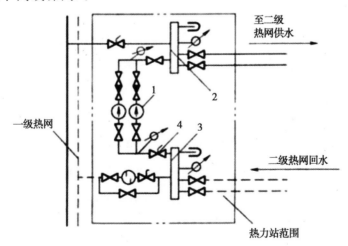

图 4-4　加混水泵的热力站

1—混水泵;2—分水器;3—集水器;4—流量调节器

(三)蒸汽网与热力站的连接

蒸汽网与热力站的连接方式取决于一级蒸汽网的压力、二级蒸汽网的压力、热力站的功能等因素。在供暖工程中,热用户以热水供暖为主,因此,用汽—水换热器间接连接一级蒸汽网路来作为加热供暖水热介质,蒸汽加热后的凝结水返回热源,也可以作为二级网路的补水。这类热力站的功能较全,可向二级网路供工艺用汽、供暖、供生活用热水,可作为工业、民用混合型的多用途热力站。

二、热水供暖换热站设备

热水供暖换热站的设备主要由换热器、循环水泵、补水泵、除污器、温度调节阀、水箱和分集水器以及各用途的阀门组成。由于板式换热器效率高,省空间,因此较其他类型的换热器使用得较多。

(一)换热器

≫≫ 1. 壳管式换热器

壳管式换热器有固定管板式、U形管式、浮头式换热器等。

(1)固定管板式换热器

它一般为汽—水换热器。它是由多根管子所组成的管束,管子固定在管板上,而管板与外壳连接在一起。蒸汽由管束外表面流过,两者通过管束的折流挡板。管束通常采用铜管、黄铜管、碳素钢管及不锈钢管。

汽—水换热器的传热系数可达 $2300 \sim 4100$ W/(m² · ℃)。水在换热器中阻力损失为 $2 \sim 12$ m。

固定管板式换热器结构简单、重量轻、造价低、制造方便、能达到最小的壳径,所以广泛地应用在供热系统中。但其缺点是两种热媒温差大,应力大,管板和壳体之间、管束和管板之间容易开裂,造成漏水,并且水垢清洗困难等。

(2)U形管式换热器

这种换热器是将换热器换热管弯成 U 形,两端固定在同一管板上,因此,每个换热管可以自由地伸缩,不受热膨胀的影响,同时可以随时将管束从壳体中抽出来进行管束的清洗。U 形管式换热器可以使用在温差大、管束内流体较干净、不结垢的场合。

（3）浮头式换热器

浮头式换热器一端管板与壳体固定，而另一端的管板可以在壳体内自由浮动，所以可使用在两介质温差较大时，管束和壳体之间不产生温差应力。浮头端可以设计成可拆卸结构，使管束可以容易插入或抽出，这样检修和清洗方便。但浮头式换热器结构复杂，操作时无法知道漏泄情况，所以在安装时要特别注意其密封。

▶▶ 2. 板式换热器

板式换热器是一种高效、紧凑的新型换热器，主要应用于水—水换热系统。水—水板式换热器的传热系数高达 $2000\sim7000$ W/(m² · ℃)，因此，板式换热器是一种传热效率高、结构紧凑、拆卸方便、热损失小、不需保温、适用范围大的新型换热器。

板式换热器的缺点是周边很长、密封麻烦、容易泄漏、金属板片薄、刚性差，不适用于高温高压系统，特别是不适用于汽—水换热系统。

板式热交换器的主要工作参数如下：工作压力为 $0.6\sim1.6$ MPa，工作温度为 $20\sim200$ ℃，被加热水在通道内流速为 $0.3\sim0.6$ m/s，传热系数为 $2500\sim3500$ W/(m² · ℃)。传热表面污垢系数 $B=0.7\sim0.9$。

▶▶ 3. 换热机组

换热机组是由换热器、循环水泵、阀门、除污器、控制仪表及计量设备、控制箱等组成的机组。将其运到现场接管、接电源即可投入运行。其安装简便，施工速度快，占地面积小，节省空间。

换热机组可根据热媒交换方式分为汽-水、水-水等形式。运行方式又可分为手动运行的普通型、自动控制的智能型。换热器可以采用板式换热器和高效壳管换热器。板式换热机组可使用在水-水换热上，高效壳管换热机组适用于汽-水换热上。

（二）循环水泵

第一，循环水泵的流量与扬程。

①循环水泵的总流量,等于二级热网循环水量的 105％～110％。

②循环水泵的扬程应能克服热力站内水头损失、热力站至用户之间管网的水头损失,和用户需要的水头之和,并且考虑 1.1～1.2 的安全系数。

第二,热力站循环水泵可选用立式泵或卧式泵,一般选用两台,一用一备。

第三,循环水泵的进出母管之间设带单向阀的旁通管,防止突然停电时产生的水击损坏水泵。

(三)补水定压设备

▶▶ **1.** 计算机自控变频稳压补水设备

计算机自控变频稳压补水设备是由计算机控制的变频调速器、压力传感器、水泵及多功能调节器组成的机组。根据系统压力变化情况,实现水量的自动控制和供热系统恒压。一般有带稳压罐和不带稳压罐两种。

(1)带稳压罐计算机自控稳压补水设备原理

通过压力传感器由计算机自动控制补水泵的补水,系统压力低于设定值时,补水泵开始补水,系统压力等于设定值时,补水泵停止补水,系统压力靠稳压罐维持。

(2)不带稳压罐计算机自控变频补水设备原理

与带稳压罐计算机自控稳压补水设备原理相同,但系统稳压靠补水泵改变频率维持。补水泵起停较频繁。

▶▶ **2.** 水泵控制补给水系统

水泵控制补给水系统与计算机自控变频稳压补水系统类似,但这种控制使用电气控制系统。它是由压力控制器、自动空气开关、继电器等电气元件组成的。在系统中可以设置安全阀或阀前自力式调节阀超压保护系统。

(四)阀门

热力站的阀门主要起关断或调节作用,关断阀主要是检修设备时使用,因此,设备进出口都设有关断阀。调节阀是用来控制管道内流体的流量,从而达到控制供暖参数的目的。

▶▶ 1. 热力站阀门按用途分类

（1）调节阀类

调节阀类主要用于调节介质的流量、压力等，有电动调节阀、平衡阀等。

（2）截断阀类

截断阀类主要用于截断或接通介质，有球阀、闸阀、截止阀、旋塞阀、蝶阀等。热力站内使用的关断阀以蝶阀和球阀为主，蝶阀安装空间小，一般设在设备进出口管上；球阀启闭迅速，一般装设在排污器的管上。

（3）单向阀类

单向阀类用于阻止介质倒流。包括各种结构的单向阀。单向阀装在循环水泵和补水泵的出口处。

（4）溢流阀类

溢流阀类用于超压安全保护。包括各种类型的溢流阀。溢流阀装在集水器或与集水器相连的管道上。

▶▶ 2. 按主要参数分类

（1）按压力分类

低压阀：PN≤1.6 MPa；中压阀：PN 为 2.5～6.4 MPa；高压阀：PN 为 10～80 MPa；超高压阀：PN≥100 MPa。

（2）按介质温度分类

高温阀：t>450 ℃；中温阀：120 ℃≤t≤450 ℃；常温阀：－40 ℃≤t≤120 ℃。

▶▶ 3. 按阀体材料分类

热力站主要使用金属阀，阀体有碳钢阀、不锈钢阀、低合金钢阀、高合金钢阀、铸铁阀等。

（五）除污器

热力站内二次网回水管和一次网供水管都装有除污器，除污器的类型有以下几种。

>> **1.** Y 形除污器

Y 形除污器简单、紧凑,使用的也最多,过滤面积为管道断面面积的 2～4 倍,流速宜取为 0.05 m/s。

>> **2.** 自动清洗除污器

自动清洗是指不打开滤网,利用阀门启闭使水流反方向流动,从而达到不打开滤网进行清洗的作用。

(六)水箱

热力站的水箱是用来储存系统软化水的,水箱一般由钢板或玻璃钢制造,水箱要储存 1～1.5 h 的系统的补水量,水箱一般现场制作。

(七)分集水器

热力站内供暖环路多于 2 路时,热力站内设分集水器,分集水器由具有压力容器生产资质的生产单位加工。分集水器上装计量温度和压力的仪表,分集水器每一支路都装有温度计和压力表。

第三节 热水供暖锅炉房设备安装

一、热水供暖锅炉安装

(一)安装准备

>> **1.** 技术准备

第一,审查图样的合法性。全国性锅炉定型设计,须经国务院主管部门和锅炉压力容器安全监督局审查批准;非全国性的锅炉定型设计,须经省、自治区、直辖市主管部门和技术监督局锅炉压力容器安全监察处审查批准。设计图样上应有审查批准字样。

第二,锅炉制造单位应有国家技术质量检验检疫总局批准颁发的制造许可证。

第三,认真熟悉图样,掌握图样内容,审查图样是否存在不合理、错误的内容,并通过图样会审或设计变更解决存在的问题。

第四,到当地技术监督局了解相关要求,获取有关文件,并学习领会贯彻执行。

第五,锅炉安装前,须将锅炉平面布置图及标明与有关建筑距离的图样,报当地锅炉压力容器安全监察机构审查同意。

第六,根据审批的施工方案向作业班组进行详细的技术交底、安全交底,交底应按分项工程进行,并形成记录。

第七,确定每个分项工程的检验批。

(二)作业条件

第一,施工员应熟悉锅炉及附属设备图样、安装使用说明书、锅炉房设计图样,并核查技术文件中有无当地劳动、环保、节煤等部门关于设计、制造、安装、施工等方面的审查批准签章。

第二,施工现场应具备满足施工的水源、电源,大型机具运输车辆进出的道路,材料及机具存放场地和仓库等;冬、雨季施工时应有防寒防雨措施及安全措施;锅炉房主体结构、设备基础完工并达到安装强度。

第三,检验土建施工时预留的孔洞、沟槽及各种预埋铁件的位置、尺寸、数量是否符合设计图样要求。

第四,锅炉及附属设备的基础尺寸、位置应符合设计图样。

第五,混凝土基础外观质量不得有蜂窝、麻面、裂纹、孔洞、露筋等缺陷。

(三)材料要求

第一,工程所使用的主要材料、成品、半成品、配件、器具和设备必须具有中文质量合格证明文件,规格、型号及性能检测报告应符合国家技术标准或设计要求,包装应完好,表面无划痕及外力冲击破损。包装上应标有批号、数量、生产日期和检验代码,并经监理工程师核查确认。

第二,主要器具和设备必须有完整的安装使用说明书。在运输、保管和施工过程中,应采取有效措施防止损坏或腐蚀。

二、锅炉房辅助设备安装

(一)基础复查验收

第一,基础混凝土强度等级符合设计要求,外表面不应有裂缝、蜂窝、孔洞、露筋及剥落等现象。若不合格应视其严重程度、缺陷所在位置、重要程度,做出处理,直至合格为止。

第二,检查基础与锅炉的相应位置及本身各部分尺寸是否符合设计要求。首先以锅炉纵向、横向中心线及厂房建筑标高基准线为依据,规划并核对基础上的纵向和横向中心线及标高,再测定基础几何尺寸,地脚螺栓的大小、位置、间距和垂直度。预埋铁件的位置、数量和可靠性应符合设计要求。

第三,画定中心线时,应先画出主要:中心线,即纵、横向十字中心线,两线应相应垂直,并用油漆在基础上做出明显标记。

(二)运煤除渣系统设备安装

▶▶▶ 1. 螺旋出渣机安装

第一,先将出渣机从安装孔斜放在基础坑内。

第二,将漏灰接口板安装在锅炉底板的下部。

第三,安装锥形渣斗,上好漏灰接板勺渣斗之间的连接螺栓。

第四,吊起出渣器的筒体,与锥形渣斗连接好,锥形渣斗下口法兰与筒体长方形法兰之间要加橡胶垫或油浸扭制的石棉盘根(应加在螺栓内侧),拧紧后不得漏水。

第五,安装出渣机的吊耳和轴承底座,在安装轴承底座时要使螺旋轴保持同心。

第六,调好安全离合器的弹簧,用扳手扳转蜗杆,使螺旋轴转动灵活。油箱内应加入符合要求的机械油。

第七,安好后接通电源和水源,检查转动方向是否正确,离合器的弹簧是否跳动,冷态试车 2h,无异常声音和不漏水为合格,并做好试车记录。

▶▶ 2. 单斗提升机安装

第一,导轨的距离偏差不大于 2 mm。

第二,垂直式导轨的垂直度偏差不大于 1‰;倾斜式导轨的倾斜度偏差不大于 2‰。

第三,料斗的吊点与料斗重心在同一垂线上,重合度偏差不大于 10 mm。

第四,行程开关位置应准确,料斗运行平稳,翻转灵活。

(三)送风引风系统设备安装

▶▶ 1. 鼓风机及风管安装

(1)安装鼓风机

先检查基础位置、质量是否符合图样要求,无误后将上好地脚螺栓的鼓风机抬到基础上就位。由于风机壳一侧比电动机一侧重,需将风机壳一侧垫好,再用垫铁将电动机找平找正,最后用混凝土将地脚螺栓孔灌注好。待混凝土强度达到 75% 时再复查风机是否水平,螺栓加好弹簧垫圈后将地脚螺栓紧固。

(2)安装风管

①当采用砖地下风道时,地下风道内壁要用水泥砂浆抹光滑,风道要严密,风机出口与风管之间、风管与地下风道之间连接要严密,防止漏风。

②当采用钢板风道时,风道法兰连接要严密。

③最后检查一下锅炉风室调节阀是否灵活,定位是否可靠。

(3)风机试运行

接通电源,先进行点试,检查风机转向是否正确,有无摩擦和振动现象,无问题后进行试车,运转时检查电机和轴承温升是否正常,一般不高于室温 40 ℃为正常。风机冷运行不少于 2 h,并做好运行记录。

▶▶▶ 2.除尘器、引风机、烟囱安装

（1）安装除尘器

①安装前首先核对除尘器的旋转方向与引风机的旋转方向是否一致，安装位置是否便于清灰、运灰，除尘器落灰口距地面高度一般为 0.6～1.0 m。检查除尘器内壁耐磨涂料有无脱落。

②安装除尘器支架：将地脚螺栓安装在支架上，然后把支架放在画好基准线的基础上。

③安装除尘器：支架安装好后，吊装除尘器，紧好除尘器与支架连接的螺栓。吊装时根据情况（立式或卧式）可分段安装，也可整体安装。除尘器的蜗壳与锥形体连接的法兰要连接严密，用 Φ10 的石棉扭绳做垫料，垫料应加在连接螺栓的内侧。

④烟管安装：先从省煤器的出口或锅炉后烟箱的出口安装烟管和除尘器的扩散管。烟管之间的法兰连接用 Φ10 石棉绳做垫料，连接要严密。烟管安好后，检查扩散管的法兰与除尘器的进口法兰位置是否合适，如略有不合适可适当调整除尘器支架的位置和标高，使除尘器与烟管连接妥当。

⑤检查除尘器的垂直度和水平度：除尘器和烟管安装好后，检查除尘器及支架的垂直度和水平度。除尘器的垂直度和水平度允许误差为 1/1000，然后将地脚螺栓孔内灌注混凝土，待混凝土的强度达到 75％时，将地脚螺栓拧紧。

⑥安装锁气器：锁气器是除尘器的重要部件，是保证除尘器效果的关键部位之一，因此锁气器的连接处和舌形板接触要严密，配重或挂环要合适。

（2）安装引风机

①用人抬或机械吊装设备，把风机和电动机（用皮带连接的先安电动机滑轨）分别安装在放好基准线和清好预留孔的基础上，上好地脚螺栓，螺母应外露 1～2 扣，用成对的垫铁放在机座下进行找平找正。

a.锅炉出厂不配带烟管，引风机可以按图样的位置标高进行找平找正，引风机的位置决定烟管的尺寸。

b.锅炉出厂配带烟管，引风机的位置和标高应根据除尘器的位置和标高以及烟管的实际尺寸来确定，以避免安装中改动烟管。

②引风机安装要求：

a.纵向水平度为 0.2/1000。

b.横向水平度为 0.3/1000。

c.风机轴与电动机轴不同心,径向位移不大于 0.05 mm。

d.靠背轮的间隙应符合通用规定(一般 2～10 mm)。

e.如用皮带轮连接时,风机和电动机的两皮带轮的平行度允许偏差应小于 1.5 mm。两皮带轮槽应对正,允许偏差应小于 1 mm。

f.风机壳安装应垂直。

③安装烟管时应使之自然吻合,不得强行连接,更不允许将烟道重量压在风机上。

④安装调节风门时应注意不要装反,应标明开、关方向。

⑤安装完后应试拨转动,检查是否有过紧或与固定部分碰撞现象,发现有不妥之处必须调整好松紧度。

⑥安装安全罩,安全罩的螺栓应拧紧。

⑦引风机试运行:试运行前先用手转动风机,检查是否灵活。试运转时先关闭调节阀门,然后接通电源起动,起动后再稍开调节门,调节门的开度应使电动机的电流不超过额定电流。检查引风机的转向是否正确,有无振动和摩擦现象,电动机的温度是否正常,一般情况下冷运转时间不得起过 1 h,应按说明书规定时间运转,无规定时冷运转时间不得超过 5 min,并做好试运行记录。

(3)烟囱安装

①每节烟囱之间用 Φ10 的石棉扭绳作垫料,安装螺栓时螺帽在上,连接要严密牢固,组装好的烟囱应基本成直线。

②当烟囱超过周围建筑物时要安装避雷针。

③在烟囱的适当高度处(无规定时为 2/3 处)安装拉紧绳,最少三根,互为 120°。拉紧绳的固定装置采用焊接或其他方法安装牢固。在拉紧绳距地面不少于 3 m 处安装绝缘子,拉紧绳与地锚之间用花篮螺栓拉紧,锚点的位置要合理,应使拉紧绳与地面的斜角少于 45°。

④用吊装设备把烟囱吊装就位,用拉紧绳调整烟囱的垂直度,垂直度的要求为 1/1000,全高不超过 20 mm。最后检查拉紧绳的松紧度,拧紧绳卡和基础螺栓。

(四)水系统设备安装

➤➤ 1. 水泵安装

第一，用人工或其他方法将上好地脚螺栓的水泵就位在基础上，使基准线相吻合，并用水平尺在底座水平加工面上利用垫铁调整找平，泵底座不应有明显的偏斜。

第二，找平找正后进行混凝土灌注。

第三，联轴器(靠背轮)找正，泵与电动机轴的同心度、两轴水平度、两联轴节端面之间的间隙以设备技术文件的规定为准。

第四，找正方法见引风机安装。

第五，轴承箱清洗加油。

第六，水泵试运转。

①先单独试运转电动机，转动无异常现象，转动方向无误。

②安装联轴器的连接螺栓，安装前应用手转动水泵轴，应转动灵活无卡阻、杂音及异常现象，然后再连接联轴器的螺栓。

③泵起动前应先关闭出口阀门(以防起动负荷过大)，然后起动电动机，当泵达到正常运转速度时，逐步打开出口阀门，使其保持工作压力。检查水泵的轴承温度(不超过外界温度 35 ℃，其最高温度不应大于 75 ℃)，轴封是否漏水、漏油。

➤➤ 2. 软化水设备安装

第一，锅炉设备做到安全、经济运行，与锅炉水处理有直接关系。新安装的锅炉没有水处理措施不准投入运行。

第二，低压锅炉的炉外水处理一般采用钠离子交换水处理方法。多采用固定床顺流再生或逆流再生和浮动床三种工艺。

第三，离子交换器安装前，先检查设备表面有无撞痕，罐内防腐有无脱落，如有脱落应做好记录，采取措施后再安装。为防止树脂流失应检查布水喷嘴和孔板垫布有无损坏，如有损坏应更换。

第四，安装钠离子交换器：用人工或吊装设备将上好地脚螺栓的离子交换器就位在画好基准线的基础上，用垫铁找直找正。视镜应安装在便于观察的方向。

罐体垂直度要求为 1/1000，找正找直后灌注混凝土，汽混凝土强度达到 75％时，可将地脚螺栓拧紧。在吊装时要防止损坏设备。

第五，设备配管：应用镀锌钢管或塑料管，采用螺纹连接，螺纹处涂白铅油、麻丝或聚四氟乙烯薄膜（生料带）做填料，接口要严密。所有阀门安装的标高和位置应便于操作，配管的支架严禁焊在罐体上。

第六，配管完毕后，根据说明书进行水压试验，检查法兰接口、视镜、丝头，不渗漏为合格。

第七，装填新树脂时，应根据说明书先进行冲洗后再装入罐内。树脂层装填高度按设备说明书要求进行。

第八，盐水箱（池）安装：如用塑料制品，可按图样位置放好即可，如用钢筋混凝土浇筑或砖砌盐池，应分为溶盐池和配比池两部分，为防止盐内的泥沙和杂物进到配比池内，在溶盐池内加过滤层，无规定时，般底层用 30～50 mm 厚的木板，并在其上打出 Φ8 mm 的孔，孔距为 5 mm，木板上铺 200 mm 厚的石英石，粒度为 Φ10～Φ20 mm，石英石上铺上 1～2 层麻袋布。

▶▶▶ 3. 各种静置设备安装（容器/箱罐等）

（1）分汽缸（分水器、集水器）安装

分汽缸（分水器、集水器）安装前应进行水压试验，试验压力为工作压力的 1.5 倍，但不小于 0.6 MPa 试验压力下 10 min 内无压降、无渗漏为合格。分汽缸一般安装在角钢支架上，安装位置应有 0.005 的坡度，分气缸的最低点应安装疏水器。

（2）除污器安装

①除污器应装有旁通管（绕行管），以便在系统运行时，对除污器进行必要的检修。

②因除污器重量较大，应安装在专用支架上。

③除污器安装方向必须正确。系统试压与冲洗后，应予以清扫。

（3）箱、罐等静态设备安装

①箱、罐及支架、吊架、托架安装，应平直牢固，位置正确。

②敞口箱、罐安装前应做满水试验，满水试验满水后静置 24 h 不渗、不漏为合格。密闭箱、罐，如设计无要求，应以工作压力的 1.5 倍做水压试验，但不小于

0.4 MPa,试验压力降不应小于 0.03 MPa。在试验压力下观察 30 min 不渗、不漏为合格。

(五)安全控制附件及仪表安装

第一,管道阀门和仪表的安装要严格按图样进行。

第二,阀门种类、规格、型号必须符合规范及设备要求。

第三,阀门应经强度和严密性试验合格才可安装。

(1)阀体的强度试验:试验压力应为公称压力的 1.5 倍,阀体和填料处无渗漏为合格。

(2)严密性试验:试验压力为公称压力,阀芯密封面不漏为合格。

(3)法兰所用的垫料及螺栓应涂以机油石墨。

第四,溢流阀安装。

(1)额定蒸发量大于 0.5 t/h 的锅炉最少设两个溢流阀(不包括省煤器);额定蒸发量小于或等于 0.5 t/h 的锅炉,至少设一个溢流阀。

(2)额定热功率大于 1.4 MW(即 120×10^4 kcal/h)的锅炉,至少应装设两个溢流阀。额定热功率小于或等于 1.4 MW 的锅炉至少应装设一个溢流阀。

(3)溢流阀应在锅炉水压试验合格后再安装,因水压试验压力大于溢流阀的工作压力。水压试验时,溢流阀管座可用盲板法兰封闭。如用钢板加死垫时,试完压后应立即将其拆除。

(4)溢流阀的排气管应直通室外安全处,排气管的截面积不应小于溢流阀出口的截面积。排气管应坡向室外并在最低点的底部装泄水管,并接到安全处。排气管和排水管上不得装阀门。

(5)溢流阀应垂直安装,并装在锅炉锅筒、集箱的最高位置。在溢流阀和锅筒之间或溢流阀和集箱之间,不得装有取用蒸汽的汽管和取用热水的出水管,并不允许装阀门。

➤➤ 1.水位表安装

第一,每台锅炉至少应装两个彼此独立的水位表。但额定蒸发量小于或等于 0.2 t/h 的锅炉可以装一个水位表。

第二,水位表安装前应检查旋塞转动是否灵活,填料是否符合使用要求,不符合要求时应更换填料。水位表的玻璃管或玻璃板应干净透明。

第三，水位表在安装时，应使水位表的两个表口保持垂直和同心，玻璃管不得损坏，填料要均匀，接头应严密。

第四，水位表的泄水管应接到安全处。当泄水管接至排污管的漏斗时，漏斗与排污管之间应加阀门，防止锅炉排污时从漏斗冒汽伤人。

第五，当锅炉装有水位报警器时，报警器的滑水管可与水位表的泄水管接在一起，但报警器泄水管上应单独安装一个截止阀，不允许在合用管段上仅装一个阀门。

第六，水位表安装好后应画出最高、最低水位的明显标志。最低安全水位比可见边缘水位至少应高 25 mm。最高安全水位比可见边缘水位至少应低 25 mm。

第七，采用玻璃管水位表时应装有防护罩，防止损坏伤人。

第八，采用双色水位表时，每台锅炉只能装一个，另一个装普通（无色的）水位表。

▶▶ 2. 压力表安装

（1）弹簧管压力表安装

1）工作压力小于 2.45 MPa（25 kgf/cm²）的锅炉，压力表精度不应低于2.5级。

2）出厂时间超过半年的压力表，应经计量部门重新校验，合格后进行安装。

3）表盘刻度为工作压力的 1.5～3 倍（宜选用 2 倍工作压力），锅炉本体的压力表公称直径应不少于 150 mm，表体位置端正，便于观察。

4）压力表应有存水弯，压力表与存水弯之间应装有三通旋塞。

5）压力表应垂直安装，垫片制作要规矩，垫片表面应涂机油石墨，螺纹部分涂白铅油，连接要严密。安装完后在表盘上或表壳上端处画出明显的标志，标出最高工作压力。

（2）电接点压力表安装同弹簧管式压力表作用

①报警。

把上限指针定位在最高工作压力刻度位置，当活动指针随着压力增高与上限指针相接触时，与电铃接通进行报警。

②自控停机。

把上限指针定在最高工作压力刻度上，把下限指针定在最低工作压力刻度上，当压力增高使活动指针与上限指针相接触时可自动停机。停机后压力逐步下降，降到活动指针与下限指针接触时能自动起动使锅炉继续运行。

③以上两种接法应定期进行试验。

检查其灵敏度，有问题应及时处理。

▶▶ 3. 温度表安装

（1）内标式温度表安装

温度表的螺纹部分应涂白铅油，密封垫应涂机油石墨，温度表的标尺应朝向便于观察的方向，底部应加入适量导热性能好、不易挥发的液体或机油。

（2）压力式温度表安装

温度表的螺纹部分应涂白铅油，密封垫应涂机油石墨，温度表的感温器端部应装在管道中心，温度表的毛细管应固定好，防止碰断，多余部分应盘好固定在安全处。温度表的表盘应安装在便于观察的位置，安装完后应在表盘上或表壳上画出最高运行温度的标志。

（3）压力式电接点温度表的安装

与压力式温度表安装相同，报警和自控同电接点压力表的安装。

▶▶ 4. 排污阀安装

第一，锅炉的排污管安装，排污阀不允许用螺纹连接。排污管应尽量减少弯头，所用弯头应煨制，其半径应不小于管直径的 1.5 倍。

第二，排污阀安装时注意排污阀的开关手柄应在外侧，以确保操作方便。排污管应接到室外。明管部分应加固定支架，排污管应坡向室外。

（六）水压试验

第一，水压试验应报请当地劳动部门参加

第二，试验前的准备工作

（1）将锅筒、集箱内部清理干净后封闭入孔、手孔。

（2）检查锅炉本体的管道、阀门有无漏加垫片，漏装螺栓和未紧固等现象。

（3）应关闭排污阀、主汽阀和上水阀。

（4）溢流阀的管座应用盲板封闭，并在一个管座的盲板上安装放气管和放气阀，放气管的长度应超出锅炉的保护壳。

（5）锅炉试压管道和进水管道接在锅炉的副汽阀上为宜。

（6）应打开锅炉的前后烟箱和烟道，试压时便于检查。

（7）打开副汽阀和放气阀。

（8）至少应装两块经计量部门校验合格的压力表，并将其旋塞转到相通位置。

第三，试验时对环境温度的要求

（1）水压试验应在环境温度（室内）高于 5 ℃时进行。

（2）在低于 5 ℃进行水压试验时，必须有可靠的防冻措施。

第四，试验时对水温的要求

（1）水温一般应在 20～70 ℃。

（2）当施工现场无热源时可用自来水试压，但要等锅筒内水温与周围气温较为接近或无结露时，方可进行水压试验。

第五，水压试验步骤和验收标准

（1）向炉内上水。打开自来水阀门向炉内上水，待锅炉最高点放气管见水无气后关闭放气阀，最后把自来水阀门关闭。

（2）用试压泵缓慢升压至 0.3～0.4 MPa 时，应暂停升压，进行一次检查和必要的紧固螺栓工作。

（3）待升至工作压力时，应停泵检查各处有无渗漏，再升至试验压力后停泵，焊接的锅炉应在试验压力下保护 5 min，然后缓慢降至工作压力进行检查。检查期间压力不变。达到下列要求为试验合格：①在受压元件金属壁和焊缝上没有水珠和水雾。②胀口处不滴水珠。③水压试验后没有发现残余变形。

（4）水压试验结束后，应将炉内水全部放净，以防冻，并拆除所加的全部盲板。

（5）水压试验结果，应记录在《工业锅炉安装工程质量证明书》中，并由参加验收人员签字，最后存档。

（七）烘炉、煮炉、试运行

▶▶ 1. 烘炉

（1）准备工作

①锅炉本体及工艺管道全部安装完毕，水压试验合格。

②锅炉的附属设备、软水设备、化验设备、水泵等已达到使用要求。

③锅炉辅机包括鼓风机、引风机、出渣机、除尘器及电气控制仪表,安装完毕并调试合格,并同时加满润滑油。

④编制烘炉方案及烘炉升温曲线,选好炉墙测温点,准备好测温仪表和记录表格。

⑤关闭排污阀、主汽阀、副汽阀,打开上水阀,开启一只溢流阀,如有省煤器时,开启省煤器循环管阀门,然后将合格软化水上至比锅炉正常水位稍低点。

⑥准备好适量的木柴和燃煤,木柴上不能带有铁钉或其他金属材料。

(2)烘炉方法及要求

①整体快装锅炉均采用轻型炉墙,根据炉墙潮湿程度,一般烘烤时间为 3~6 d。

②木柴烘炉:打开炉门、烟道闸板,开启引风机,强制通风 5 min,以排除炉膛和烟道内的潮气和灰尘,然后关闭引风机。打开炉门和点火门,在炉排前部 1.5 m 范围内铺上厚度为 30~50 mm 的炉渣,在炉渣上放置木柴和引燃物。点燃木柴,小火烘烤,自然通风,缓慢升温。第一天不得超过 80 ℃,后期不超过 160 ℃。烘烤约 2~3 d。

③煤炭烘炉:木柴烘烤后期,逐渐添加煤炭燃料,并间断引风和适当鼓风,使炉腔温度逐步升高,同时间断开炉排,防止炉排过烧损坏,烘烤时间为 1~3 d。

④整个烘炉期间要注意观察炉墙、炉排情况,按时做好温度记录,最后画出实际升温曲线图。

2. 煮炉

为了节约时间和燃料,在烘炉末期进行煮炉。一般采用碱性溶液煮炉,加药量根据锅炉锈蚀、油污情况及锅炉水容量而定。

第一,将药品从上入孔处或溢流阀座处,缓慢加入炉体内,然后封闭入孔或溢流阀。操作时要注意对化学药品腐蚀性采取防护措施。

第二,升压煮炉:加药后间断开动引风机,适量鼓风使炉腔温度和锅炉压力逐渐升高,进入升压煮炉,当压力升至 0.4 MPa 时,连续煮炉 12 h,煮炉结束停火。

第三,煮炉结束后,待锅炉蒸汽压力降至零,水温低于 70 ℃ 时,方可将炉水放掉,待锅炉冷却后,打开入孔和手孔,彻底清除锅筒和集箱内部的沉积物,并用清水冲洗干净,检查锅炉和集箱内壁,无油垢、无锈斑为煮炉合格。

第四,最后经甲乙双方共同检验,确认合格,并在检验记录上签字盖章后,方可封闭入孔和手孔。

▶▶▶ 3. 试运行及安全阀定压

锅炉在烘炉煮炉合格后,正式运行之前应进行 72 h 的满负荷运行,同时将溢流阀定压。

(1)准备工作

①准备充足的燃煤,供水、供电、运煤、除渣系统均能满足锅炉满负荷连续运行的需要。

②对于单机试车、烘炉煮炉中发现的问题或故障,应全部进行排除、修复和更换。

③由具有合格证的司炉工、化验员负责操作,并在运行前熟悉各系统流程。操作中严格执行操作规程。试运行工作由甲乙双方配合进行。

(2)点火运行

①将合格的软水上至锅炉最低安全水位,打开炉膛门、烟道门自然通风 10～15 min。添加燃料及引火木柴,然后点火,开大引风机的调节阀,使木柴引燃然后关小引风机的调节阀,间断开启引风机,使火燃烧旺盛,而后手工加煤并开启鼓风机,当燃煤燃烧旺盛时可关闭点火门向煤斗加煤,间断开动炉排。此时应观察燃烧情况进行适当拨火,使煤能连续燃烧。同时调整鼓风量和引风量,使炉膛内维持 2～3 mm 水柱的负压,使煤逐步正常燃烧。

②升火时炉膛温升不宜太快,避免锅炉受热不均产生较大的热应力影响锅炉寿命。一般情况从点火到燃烧正常,时间不得少于 3～4 h。

③运行正常后应注意水位变化,炉水受热后水位会上升,超过最高水位时,通过排污保持水位正常。

④当锅炉压力升至 0.05～0.1 MPa 时,应进行压力表变管和水位表的冲洗工作。以后每班冲洗一次。

⑤当锅炉压力升至 0.3～0.4 MPa 时,对锅炉范围内的法兰、入孔、手孔和其他连接螺栓进行一次热状态下的紧固。随着压力升高及时消除入孔、手孔、阀门、法兰等处的渗漏,并注意观察锅筒、联箱、管道及支架的热膨胀是否正常。

试运行正常后,可进行安全阀的调整定压工作,当安全阀调整完毕后,锅炉应全负荷连续试运行72 h,以锅炉及全部附属设备运行正常为合格。

三、换热器安装

(一)一般规定

第一,由于操作、维修等原因,换热器的安装必须根据不同类型、不同尺寸而安装在合适的位置。

(1)浮头管壳式换热器的固定头盖端留出足够的空间以便能从壳体内抽出管束,外头盖端也须留出1m以上的位置以便装拆外头盖和浮头盖。

(2)固定管板换热器的两端都应留出足够的空间以便能抽出和更换管子,用机械法清理管内时,两端都可对管子进行刷洗操作。

(3)U形管换热器其固定头盖应留出足够的空间以便抽出管束,也可在其相对的一端留出足够的空间,以便能拆卸壳体。

第二,换热器的支座一端为固定,另一端为滑动。

第三,换热器上连接管的荷载不能加在换热器上。

(二)安装准备

▶▶▶ **1.设备开箱检查**

设备安装前,应按设计要求核验规格、型号和质量,设备应有说明书和产品合格证。对设备开箱应按下列项目进行检查并记录。

(1)箱号和箱数以及包装。

(2)设备名称、型号和规格。

(3)装箱清单、设备的技术文件、资料和专用工具。

(4)设备有无缺件,表面有无损坏和锈蚀。

(5)其他需要记录的情况。

▶▶▶ **2.设备基础检查**

设备基础的位置、几何尺寸和质量要求,应符合现行国家标准《混凝土结构工程施工质量验收规范》(GB 50204—2002)的规定。设备基础尺寸和位置的允许偏差检验方法应符合规定。

(三)地脚螺栓的埋设

(1)地脚螺栓在预留孔中应垂直,不得倾斜。

(2)地脚螺栓底部锚固环钩的外缘与预留孔壁和孔底的距离不得小于15 mm。

(3)地脚螺栓上的油污和氧化皮等应清理干净,螺纹部分应涂少量油脂。

(4)螺母与垫圈、垫圈与设备底座间的接触均应良好、紧密。

(5)拧紧螺母后,螺栓外露长度应为2~5倍螺距。

(6)灌注地脚螺栓的细石混凝土(或水泥砂浆)应比基础混凝土的强度等级提高一级,灌浆处应清理干净并捣固密实。拧紧地脚螺栓时,灌注的混凝土应达到设计强度的75%。

(7)地脚螺栓的坐标及相互尺寸应符合施工图的要求,设备基础尺寸的允许偏差应符合相关的规定。

(8)地脚螺栓露出基础的部分应垂直,设备底座套入地脚螺栓应有调整余量,每个地脚螺栓均不得有卡涩现象。

(四)胀锚螺栓装设

(1)胀锚螺栓的中心线应按施工图放线。胀锚螺栓的中心至基础或构件边缘的距离不得小于 $7d$,底端至基础底面的距离不得小于 $3d$,且不得小于30 mm;相邻两根胀锚螺栓的中心距离不得小于 $10d$(d 为胀锚螺栓直径)。

(2)装设胀锚螺栓的孔不得与基础或构件的钢筋、预埋管和电缆等埋设相碰,不得采用预留孔。

(3)安设胀锚螺栓的基础混凝土强度不得小于10 MPa。

(4)有裂缝的部位不得使用胀锚螺栓。

(5)胀锚螺栓孔的直径和深度应符合现行国家标准《机械设备安装工程施工及验收通用规范》(GB 50231—1998)的规定,成孔后应对钻孔的钻径和深度及时进行检查。

（五）表面上铲麻面和放垫板

≫≫ 1.铲麻面

基础验收完毕，在设备安装之前，应在基础的上表面（除放垫板的地方以外）铲出一些小坑，即为铲麻面。其目的是使二次灌浆时浇灌的混凝土或水泥砂浆能与基础紧密地结合起来，从而保证设备的稳固。

（1）铲麻面的方法有手工法和风铲法两种。

（2）铲麻面的质量要求是：每 100 cm² 内应有 5～6 个深度为 10～20 mm 的小坑。

≫≫ 2.放垫板

在安装换热器之前，必须在基础上放垫板，安放垫板处的基础表面必须铲平，使垫板与基础表面能很好接触。

垫板厚度可以调整，使换热器能达到设计的水平度和标高。垫板放置后可增加换热器在基础上的稳定性，将其重量通过垫板均匀地传递到基础上去。

垫板的种类很多，可分为平垫板、斜垫板和开口垫板。垫板的面积、组数和旋转方法应根据设备的质量和底座面积的大小来确定。在拧紧地脚螺栓时，如垫板离地脚螺栓太近，则二次灌浆不方便。垫板的高度最好在 30～60 mm 之间。如垫板高度太低，会造成二次灌浆时捣固的困难；反之若垫板高度太高，则设备在基础上的稳定性相对地减少。垫板的表面应平整。每组垫板数不应太多，一般不超过 3～4 块，以保证它有足够的刚性和稳定性。厚的垫板应放在下面，薄的垫板则放在上面，最薄的应夹在中间，以免产生翘曲变形。各组垫板的顶面应处于同一标高。同一组垫板中，垫板的尺寸要一样，旋转必须整齐。设备安装好后，同一组垫板应点焊在一起，以免工作时松动。

（六）设备的就位

换热器就位后，须用水平仪对换热器进行找平。如果不平，则须调整垫板的高度，使之达到水平，这样可使各接管都能在不受力的情况下连接。设备找平后，可拧紧地网螺栓,要注意均匀坚固,可采取对称坚固法。在坚固过程中,应注意设备中心线不得变动。地脚螺栓拧紧后,如因考虑热膨胀而须将一只支座作为可移动的,则在移动的支座下应加垫板,以减少热膨胀时的肌力。然后将这只支座的地脚螺栓的螺母倒退一圈,再用上面的另一个螺母将其锁紧。

安装完毕,原则上在配管施工开始之前,开孔部位应保持密封状态。

四、锅炉房、换热站工艺管道安装

(一)工艺管道安装

第一,连接锅炉及辅助设备的工艺管道安装完毕后,必须进行系统的水压试验,试验压力为系统中最大工作压力的 1.5 倍。

第二,管道连接的法兰、焊缝和连接管件以及管道上的仪表、阀门的安装位置应便于检修,并不得紧贴墙壁、楼板或管架。

第三,管道焊接质量应符合规范要求和规定。

第四,管道及管件焊接的焊缝表面质量应符合下列规定。

(1)焊缝外形尺寸应符合图样和工艺文件的规定,焊缝高度不得低于母材表面,焊缝与母材应圆滑过渡。

(2)焊缝及热影响区表面应无裂纹、未熔合、未焊透、夹渣、弧坑和气孔等缺陷。

(二)工艺管道及设备的保温和防护

第一,管道及设备保温层的厚度和平直度的允许偏差应符合规范规定。

第二,在涂刷油漆前,必须清除管道及设备表面的灰尘、污垢、锈斑、焊渣等物。涂刷的厚度应均匀,不得有脱皮、起泡、流淌和漏涂等缺陷。

第五章 智能化供暖设备设计

第一节 采暖散热器设计理论分析

一、采暖散热器的设计要求

作为室内供暖的重要设备,采暖散热器也应该有和谐统一的特点,即其可用性、外观效果和安全可靠等多个方面。对于采暖产品的要求,大致分为以下三条。

第一,产品要能够让人们正常使用,也就是保证安全和散热功能。

第二,保持产品和室内环境的协调统一。

第三,产品的生产要是绿色环保的,对自然环境无污染。

我国以前对于研发新型采暖散热器的原则——"安全可靠,轻薄美新"。其中,安全可靠是前提条件。在这个条件下,轻薄美新的追求就会更加满足人们的需要。就目前来看,我们需要结合我国的实际情况,在重点解决通用采暖散热器问题的同时,也应引进吸取国外散热器的宝贵经验,在不断创新的道路上,开发出中国优秀的采暖散热器。

(一)热工性能方面要求

采暖散热器自身有着多种性能,比如有抗压性,热工性和机械性等,其中热工性能指的是散热器的散热性能,热工性能高,则散热效率高,则采暖散热器就越好。涂覆散热层、加强辐射度、改变散热的结构等方法可以显著提升散热器的散热效率。

(二)经济方面的要求

金属热强度是散热器成本的重要依据,热强度值愈大,传递相同热量所消耗的金属量就越小。

（三）安装使用和制造工艺方面的要求

散热器在出厂时需要具有良好的机械强度和承压性能，当承压能力高于其工作压力时，才能保证散热器的安全使用。此外，散热器的整体结构应该尽可能小，这样能够减少建筑的空间占用量。同时散热器应该易于大批量的加工，有利于提高散热器产品的生产效率。

（四）卫生和美观方面的要求

在卫生方面，散热器应易于清洗，不容易聚集灰尘；在表现上，应该更加美观，满足用户对外观的要求。

（五）节能和环保方面

第一，材质上，传热性能良好的散热器是首选。

第二，生产条件上，产品的生产制造过程应该简单，成本消耗低，机械化高。

第三，金属热强度上，热强度越高，金属消耗越少。

第四，散热器容水量上，水容量和散热量比值越小越好。

第五，散热器结构上，高度低、散热模块简单的结构，有着较高的散热效率和节能效果。

第六，接管方式上，采用同侧上进下出的方式，有利于散热器内部的热循环。

第七，在散热器与墙体之间加一层热挡板，减少散热器与墙体之间的热量交换。

第八，散热器的材料涂覆上，通过表面涂漆的方式能大大提高表面的散热量。

散热器的要求可以用八个字概括，"安全可靠、轻薄美新"。"安全可靠"主要说的是用户在使用散热器过程中不会有安全隐患。

"轻"指使用钢、铝、铜、塑等质轻材料生产散热器，可以降低其自身的重量，同时在热工性能提升的基础上降低金属用量，降低经济性。

"薄"指保证散热器的厚度控制在 $50\sim100$ mm 的范围内，这样可以减少室内空间的占据，同时与室内建筑环境也更加地和谐统一。

"美"指散热器的造型美观，符合大众的审美，且在尺度、比例、色彩上能与用户住宅装修风格保持一致。

"新"则指造型独特、工艺先进。

二、散热器的设计要素分析

行业不仅对采暖散热器的设计上提出了要求,根据上一章对消费者的市场调研,也可以看出,用户在使用散热器时也有着不同的需求。而结构要素、材料要素、色彩要素是产品设计最基本的三大要素,所以通过对采暖散热器设计要素的分析,使设计出的散热器更加符合用户的需求。

目前市场上的产品会传达给人们两种信号:感性的信息,比如我们平时说到的散热器外形,情感,文化内涵等,它们大多与产品造型有联系;理性的信号,比如散热器的功能、操作方式、加工工艺等,这些是产品步入市场的前提网。

(一)结构要素

结构是物体各个模块元素之间的组合,是以特定要求形成的元素之间的关系。自然界中万物按照一定规律形成了相应的结构,以各式各样的外形组成了丰富多彩的世界,而随着技术不断更新以及行业上对于产品的要求不断提高,市场上产品的结构也开始变得更加科学化与合理化。当前行业上的水暖散热器种类各异,结构也不尽相同。散热器的结构较为简单,由若干散热片组成,所以散热片外形的变化和散热片之间的不同组合,产生了结构与造型各异的采暖散热器。

结构在产品的设计中至关重要,且往往与其他因素相辅相成。不同的结构可以给产品带来相应的功能,不同的功能也能决定相应的结构;特定的产品结构可以塑造出特定的外在形态,特定的形态也能规定出产品的结构,在散热器的设计中利用好结构的设计,将使产品更加地科学合理。

(二)材料要素

材料是结构和功能达成的基础,是体现产品设计的前提。市场上的采暖散热器的材质主要有铸铁、铜铝复合等几类。不同的材质在散热器产品结构、使用功能、散热效果、使用寿命、加工工艺等方面的体现上也不同。

优质的散热器材料应该体现在以下几点。

▶▶ 1. 高效的散热性能

材质的好坏对散热器的采暖效果造成很大的影响。所以优质的散热器材质应该具有热传导性好、散热性能好,可以在最短的时间内快速提升室内温度,满足经济、舒适、节能的多重功能要求。

▶▶ 2. 良好的延展性能

传统的铸铁制散热器,在使用较长时间后,就变得锈迹斑斑,不仅破坏了自身的美观性,也与室内环境变得不协调,已不能满足用户的审美需求,而主流的散热器外观时尚,能够和家居环境融为一体,或者成为漂亮的装饰品,所以要求散热器的材质需要有较好的延展性,且表面光滑,便于设计造型以及表面涂覆颜料,创造出受大众喜爱的产品。

▶▶ 3. 价格低廉

购买散热器的消费者大多数为普通中小户型家庭,所以销售的价格不能过高,这就要求制作散热器的材料要成本低、质量好,经济实惠才能有更大的市场。

▶▶ 4. 有较强的抗腐蚀性

金属的腐蚀会使散热器出现漏水、爆裂的情况,在使用中造成很大的安全隐患。虽然现在的金属防腐技术已经日益成熟,但是本身具有较强抗腐蚀性的金属,在经过防腐措施后,能大大减弱被腐蚀的程度,延长产品的使用寿命。

(三)色彩要素

色彩的种类很多,不同的色彩传递给人们不一样的信息,同时赋予产品不一样的表现。产品的色彩设计需要考虑产品的材质和功能要求的统一性,通过色彩的体现可以引起用户对产品的兴趣,有利于用户对于产品功能的了解,在一定程度上为用户传达产品的品质感。

在散热器的色彩设计中,应该结合散热器的消费人群、使用环境、功能结构等因素来选择相应的色彩。不同的消费群体有着不同的年龄、背景、阅历、性格等,其对产品色彩的偏爱也是不一样的;散热器的使用环境大多在室内,所以散热器的色彩选择应该符合使用环境的整体风格，并且能够与周围元素融合起来，使整个氛围更加的和谐统一；不同的功能有着不同的结构，不同的结构有着不同的功能，通过色彩的区别，能够加深用户对于产品功能结构的认识，加深用户的记忆，产品使用起来也更加的得心应手。

结构、材料和色彩的设计要素是散热器设计研究中的关键策略点。特定的产品结构可以塑造出特定的外在形态，特定的形态也能规定出产品的结构，在散热器的结构设计中，依据散热器各模块的功能要求，对其结构进行设计；材料的选择上要符合高效散热性、良好延展性、价格低廉以及有较强的抗腐蚀性等等；色彩的设计上要与环境和谐统一。通过对这些要素的分析，可以为散热器设计提供方向和依据，使散热器设计更加地科学合理。

第二节　采暖散热器的供暖方式分析

一、水暖的工作原理

采暖散热器是现代生活中必不可少的采暖装置，在采暖方面发挥着巨大作用。铸铁散热器已逐步退出行业市场，钢制散热器、铜铝复合散热器、铝制散热器等新式散热器在材料和结构上都强于铸铁散热器，成为目前市场上最受欢迎的散热器。

采暖散热器的工作原理是：燃气锅炉升温使水媒介产生热量，水媒介携带热量由管道到达散热器内部，放出热量，以热传递和热辐射的形式，加热空气形成室温差，最后进行热循环从而达到家庭采暖。它的传热原理是：采暖散热器内的开水以热对流的方式把热量传达到散热器的内表面，内表面通过热传递把热量带到外表面，外表面通过加热空气来提升室内温度，又通过辐射把剩余的热量传给用户网。

事实上，除了散热器的加热设备外，加热设备还包括壁装式燃气锅炉、管道等辅助材料。根据材料分类，可以分为铸铁、铜铝复合散热器等，它们的内部结构是不同的。局部水由两部分组成的焊接钢板，焊接在具有较大的表面面积的对流膜的表面上。

二、电采暖的发展

由于电力短缺问题得到了极大的缓解,电采暖散热器的发展得到了进一步的推广,从市场的角度来看,在采暖方面有很多的电器可以选择,但承担冬天取暖这个任务不是一个简单的问题,它需要这些采暖电器有着优质的材料,优良的电加热转换效率以及安全可靠的使用性。

电采暖散热器主要可分为辐射式和对流式两类。辐射式电采暖散热器是目前使用较多的产品,通常是以电压和电流来使发热元件升温,发热元件产生的热量以辐射的形式传递到空气中或受热体上,以此达到采暖的目的。

对流式散热器也是近些年比较流行的供暖产品,其是以发热元件加热内部空气的形式,便冷热空气循环,把钢片上的热量传递到室内中。使用起来简单舒适,没有直接辐射式采暖的燥热。对流式电采暖散热器按发热元件材料的不同,可以大致分为以传统电热丝和新型半导体为材料的散热器。

电采暖相对于传统的采暖散热器有着很多的优势,人们开始逐渐在住宅建筑安装电采暖,而先进的温控技术,能够让用户自主控制温度,由于以电作为采暖资源,该采暖散热器对环境更加友好。

依据消费者各异的要求,自由设定房间内温度、个性化的控制、价格经济实惠,变为很多用户对于电采暖选购的要求。在人们生活水平提高的同时,其消费观念也在发生变化,不同于以往只对于功能方面的关注,现在的人们会更加关注散热器在使用过程中是否舒适、节能、环保。所以能够具备这些特点的电采暖产品才会受到消费者的青睐,以此获得更好的销量。

在我国北方区域冬季遇到的最大问题就是采暖问题,北方 16 个省市的 GDP能耗为国内总消耗的 70%,一个非常重要的原因是,北方冬季取暖消耗了很多的能源。煤炭是北方地区采暖期间消耗最多的资源,在冬季供暖开始后,对环境造成严重的污染,所以一到冬天,北方地区的空气质量就大幅下降。

随着经济和生活水平的提升,用户对于采暖的各方面有着越来越多的诉求。中国集中采暖区化秦岭-淮河以北地区,在非集中采暖的长江中下游的广大地区都没有集中供热的条件,这给了电加热采暖很好的发展机会。而一些先进的电采暖技术也开始在我国应用开来,促进了我国电采暖系统的发展。

电采暖的发展能够减轻用电高峰期的用电承载量。我国长期受困于发电能力和人们对于电能需求之间的矛盾,电能的分配不均导致在夏季电能供应不足,而夏季之外电能过盛,造成用电分配不均的现象。

电采暖是目前最具优势的采暖方式,除去电能本身的优点,对于温度和用电量的个性化控制等特点已经让电采暖方式成为很有应用前景的技术,所以电采暖方式的应用在新型散热器上起着重要的作用。

三、电采暖的分类

(一)介质采暖

介质采暖是通过不断极化处于高频交流电场中的受热对象,使其内部产生热量。介质采暖按照电场频率的不同分为高频介质采暖和微波介质采暖。介质采暖是让受热物体内部产生热量,所以其产热的效率更高,也更加均匀,不过目前不能应用在散热器上,主要是用于对工业产品的加热上。

(二)感应采暖

感应采暖是通过在交变电磁场中放置导体,形成感应电流(涡流)的热效应来使物体产生热量。这种方式产生的感应电流可快速使物体表面升温。

(三)电子束采暖

电子束采暖是高速电子束不断冲向受热物体,由于粒子的碰撞使其产生热量。电子束采暖的优点是通过控制电子束的电流值,可以快速便捷地控制其加热功率;可以随意控制电子束轰击的部位或面积大小;可以加大电子束的冲击能量。

(四)红外线采暖

红外线采暖是物体受到红外线的辐射后,通过吸收红外能量,并将辐射能量转化为热能的采暖方式。红外线采暖是一种特殊的电阻采暖方式,也就是以镍铬合金等材质成为辐射源,来加热受热体。通电后,由于电阻的升温而产生热辐射。通常红外线采暖的辐射源有灯型、管式和板型三种。

灯型是把作为辐射源的钨丝封入充满惰性气体的玻璃罩里,当其接通电压后,会产生很多波段在 1.2 μm 的红外线,之后红外线在玻璃罩里不断反射,最后向同一个方向发射。

管式是由石英玻璃制成,内部为一个钨丝,它也被称为石英管式散热器。其产生的温度很低,主要在纺织工业或医疗行业上使用。

板型是由一系列电阻集构成,电阻集通过不同的反射材料把红外能量反射出去。板型的能量温度在 1500 ℃ 以上,主要在钢铁行业中使用。此外,红外线有较强的穿透性,所以物体比较容易吸收,且立马能将其转化为热量;红外线采暖几乎没有能量的损耗,而且可随意调节产生的温度,所以红外线采暖被广泛应用。

(五)电阻采暖

电阻采暖是通过电的焦耳效应把电量转化成热量来使物体变热的方法。一般加热方式分为直接电阻加热和间接电阻加热。直接电阻加热是让总电源直接在加热件上施加电压,当电压启动时,加热件就会产生热量。其是内部直接受热产生热量,所以产生的热效率比较高。

间接电阻采暖需要通过由特殊的合金材质或者非金属材质加工的产热物体产生热量,以热对流、热传递和热辐射等方法来使受热物体升温。因为产热物体和受热物体是分开的,所以受热的对象通常不会受到限制,工作起来简单方便。

间接电阻采暖通常要求使用电阻率大,电阻温度系数小,在温度高的环境下不会变形、脆化的材料来产生热量。一般的材料有铁铝合金、碳化硅等材质。金属类产热物体的温度范围在 900~1400 ℃;非金属类的产热物体的温度范围在 1600~1800 ℃。而且非金属产热元件安装起来更加简便,可随时更换材料,不过由于其需要不断调节压力,所以使用寿命低于金属类产热元件。

四、电采暖的应用

电采暖被行业称为实现按需供暖的最佳采暖方式网。按需采暖是以用户的采暖需求为依据随时获取需要的热量,更加方便、节能。比如房间在没有人的时候可以关闭散热或保持较低温度;一个大家庭的单个独立的房间根据人们的需求可以加热或不加热,白领可以根据工作或在家的时间来控制采暖温度;办公楼能够根据工作时间来设置不一样的采暖温度。

按需采暖是通过人为控制的采暖方式,这种采暖方式是一种节能的方式,不仅对家庭来说可以节省一定的成本,对于国家和社会来说,它能够节约大量的能源资源。根据采暖的基本需求,以计量采暖的方式来减少资源的浪费,让采暖行业步入正轨,受到人们的欢迎。即使是采暖成本降低,着供暖仍然不受控制的话,就算用户愿意私人承担成本,并克服了收费的阻碍,但我国的能源状况将使我们的采暖行业困难重重。

电采暖为按需采暖提供了可能,在与传统水暖散热器功能整合之后,不仅能够满足用户在集中供暖空档期的采暖需求以及对于采暖温度的自主化控制,同时也大大解决了自然资源和能源的浪费。

第三节　智能化采暖散热器的方案设计

一、散热器各模块设计

(一)散热模块的进出水方式设计

市场上的采暖散热器一般有上下两组共四个阀口,而不同的进出水方式,不仅会改变散热器内部水流的循环方式,同时也对散热器的结构和外形设计造成影响。所以设计出最优的进出水方式,从而确定智能化散热器的整体结构。

➤➤ 1.异侧上进下出

异侧上进下出的进出水方式是现在小区中使用较多的供暖方式。但是其不适用于独立供暖,因为这样的进出水方式不利于内部循环,还会降低采暖器的散热效果,而且需要在散热器上安装调节阀,才能够平衡散热器内部水的流量达到均衡。

➤➤ 2.异侧底进底出

基本上所有新建设的住宅小区都是这种连接方式,暖气管道是铺设在屋内地面的。底进底出的方式不利于水循环,需要单独添加挡板改变水流的通道的结构,以此来推动水循环的进行。

➤➤ 3.异侧下进上出

散热器的内部一般是通过热水上升,冷水下降的原理进行内部水循环,这种进出水方式使得水在内部循环缓慢,对散热效果有很大影响,主要用于住宅小区。

➤➤ 4.同侧上进下出

这种进出水方式最符合水循环原理,即使在比较小的空间里也能够有较大流速,提升散热器的采暖效果,所以在某种程度上也能够简化散热器结构、节省空间,也比较符合现代人的审美观。

通过对散热器进出水方式的分析,采用同侧上进下出为智能化散热器的进出水方式。所以可以确定出智能化散热器的整体结构。

这种结构的优势在于当加热管启动时,底部升温,热水上升,上部冷水下降,冷热水在重力的作用下,循环速度增加,有利于散热器的加热效率,节省加热时间。

在集中供暖未开始或停止后,将阀门一和阀门二关闭,使其与公共供暖系统隔离,成为单独的自采暖系统。打开注水口,注入足量的水介质,关闭注水口,打开泄压阀,接通电源,操作控制面板来设定加热温度,当散热器腔体内温度到达设定的温度,加热模块将暂时中止工作。

(二)散热模块需求量计算

散热模块是散热器设计中的主体部分,所以通过对新型散热器散热模块数量的计算结果将为后续的设计提供条件。由于在之前的实验中,实验的房间大小为 $20\ \mathrm{m}^2$,所以在计算模块需求量中,我们对一间长$(3\pm0.2)\mathrm{m}\times$宽$(3\pm0.2)\mathrm{m}\times$高$(2\pm0.2)\mathrm{m}$的标准卧室进行热量的散失分析得出卧室的热量散失通常是在以下几个地方:①热量通过卧室窗户的散失;②热量通过卧室门的散失;③热量通过墙体的热量散失。

➤➤ 1.计算窗户的热量散失

窗户的热量散失过程为:房间内的热量通过空气热传递到窗户玻璃的内侧,

之后从窗户的内侧玻璃传递到玻璃的外侧,最后传递到室外冷空气中。所以它的传热过程满足以下公式:

$$\frac{1}{k_1}=\frac{1}{\alpha_1}+\frac{\sigma_1}{\lambda_1}+\frac{1}{\alpha_2} \qquad (5-1)$$

式中:k_1 为传热过程的传热系数;α_1 为标准温度 24 ℃时空气的对流换热系数;α_2 为初始温度 10 ℃时空气的对流换热系数;λ_1 为玻璃的导热系数;σ_1 为玻璃的厚度。

查阅相关数据可知,换热系数 $\alpha_1=8$ W/(m²·K);换热系数 $\alpha_2=20$ W/(m²·K);玻璃导热系数 $\lambda_1=0.78$ W/(m²·K);玻璃的厚度 $\sigma_1=5$ mm,所以根据式(5-1)计算得:传热系数 $k=5.51$ W/(m²·K),由此可以计算出整个窗户的散热功率,计算公式如下:

$$P_1=k_1S_1\Delta t \qquad (5-2)$$

式中:P_1 为窗户的散热功率;S_1 为窗户的面积大小,取值 3 m²,Δt 为空气的温度变化值,为 14 K,所以窗户的散热功率 $P_1=k_1S_1\Delta t=5.51$ W/(m²·K)×3m²×14 K=231.4 W。

▶▶ 2. 计算门的热量散失

对于门的热量散失计算,同样可以使用与式(5-1)相同的计算公式,如下:

$$\frac{1}{k_2}=\frac{1}{\alpha_1}+\frac{\sigma_2}{\lambda_2}+\frac{1}{\alpha_2} \qquad (5-3)$$

式中:k_2 为传热过程的传热系数;α_1 为标准温度 24 ℃时空气的对流换热系数;α_2 为初始温度 10 ℃时空气的对流换热系数;λ_2 为门的导热系数;σ_2 为门的厚度。

已知门的厚度 $\sigma_2=3$ cm,传热系数 $\alpha_1=8$ W/(m²·K);换热系数 $\alpha_2=20$ W/(m²·K);门的导热系数 $\lambda_2=0.036$ W/(m²·K);所以根据式(5-3)计算得:传热系数 $k_2=0.991$ W/(m²·K),由此可以计算出门的散热功率,计算公式如下:

$$P_2=k_2S_2\Delta t \qquad (5-4)$$

式中:P_2 为门的散热功率;S_2 为门的面积大小,取值 2 m²;Δt 为空气的温度变化值,为 14 K,所以门的散热功率 $P_2=k_2S_2\Delta t=0.991$ W/(m²·K)×2 m²×14 K=27.7 W。

▶▶ 3. 计算墙体的热量散失

热量计算公式同样适用于墙体的热量散失计算,其公式如下:

$$\frac{1}{k_3}=\frac{1}{\alpha_1}+\frac{\sigma_3}{\lambda_3}+\frac{1}{\alpha_2} \qquad (5-5)$$

式中：k_3 为传热过程的传热系数；α_1 为标准温度 24 ℃时空气的对流换热系数；α_2 为初始温度 10 ℃时空气的对流换热系数；λ_3 为墙体的导热系数；σ_3 为墙体的厚度。

一般墙体的厚度设定为 $\sigma_3=25$ cm，墙体的导热系数为 $\lambda_3=0.8$ W/(m²·K)，所以将数值代入公式计算得出，墙体的传热系数为 $k_3=2.05$ W/(m²·K)，由此可以计算出墙体的散热功率，计算公式如下：

$$P_3=k_3S_3\Delta t \qquad (5-6)$$

式中：P_3 为墙体的散热功率；S_3 为墙体的面积大小，取值 27 m²；Δt 为空气的温度变化值，为 14 K，所以墙体的散热功率 $P_3=k_3S_3\Delta t=2.05$ W/(m²·K)×27 m²×14 K=774.9W。

根据以上的热量计算，整个房间的散热功率为窗户、门和墙体热量散失的总和：P=P1＋P2＋P3=1034 W

▶▶▶ 4.计算散热模块的需求量

根据上面热量计算可知，一个 20 m²大小的卧室，其散热功率为 1034 W，而市场上一般的板式散热器单片面积的大小约为 0.64 m²，所以在对于散热片的对流换热系数的计算，满足以下公式：

$$k=0.664\times\frac{\lambda}{H}\cdot R_e^{1/2}\cdot P_r^{1/3} \qquad (5-7)$$

式中：k 为散热片的对流换热系数；H 为散热片的高度；R_e 和 P_r 分别是热量的换热常数，在查表后可知，$R_e=5\times10^5$，$P_r=0.703$，所以将数值代入后，计算可得散热片的换热系数 k=11.19 W/(m²·K)。

由前文已知整个卧室的热量散失，所以根据热量的计算公式：

$$P=kS\Delta t \qquad (5-8)$$

式中：S 为散热片的总面积，P 为散热器的散热功率，把相应的数值代入公式可以求出散热片的总面积为 6.6 m²，而由于单片散热片的面积为 0.64 m²，所以散热模块的片数为 N=6.6/0.64=10.3，即 11 片。

通过对标准大小房间的热量散失计算，推导出了新型采暖散热器散热模块的片数，为后续散热器结构、外形及大小的设计提供了参考标准，同时也为最后的方案设计提供了数据支持。

(三)散热器的材料选择

目前市场主流的散热器多种多样,根据使用的材料不同可以分为以下几种。

铸铁散热器:目前建筑中使用最多的散热器类型,约占散热器总量的50%。因其耐腐蚀,价格低廉而受到青睐,而缺点是不美观,加温较慢,体量较为笨重。

钢制散热器:外形时尚,价格便宜,同时金属强度高,抗压性也比较强,但是容易氧化,易发生点腐蚀,目前在此类散热器生产时,已开始采用内防腐蚀的相关技术。

铝制散热器:散热效果好,耐腐蚀,重量轻,结构合理等。但是承压效果不好。

铜铝复合散热器:散热效果好,因为铜材的导热性能很好,同时铜材的抗腐蚀能力也很强,所以使用铜材料作为容器,可以使散热器不会轻易被腐蚀。缺点是价格较高。

通过上面几种类型散热器的对比,我们选用钢作为散热器材料,其特点在于:①散热效果好,散热性能仅次于纯铜制暖片,过水量大,保温时间长;②色彩绚丽,外形多种多样,可以设计出具有个性化的产品;③目前众多商家对钢制散热器采用了内真空灌装内防腐技术,弥补了钢制产品易腐蚀的缺陷;④价格低廉,性价比高,目前市场占有量较高。

依据行业的相关标准,散热器所使用的材料,其测试压力都超过3.0 MPa,而散热器正常使用压力普遍为2.0 MPa,所以出厂的标准容器能够符合行业上对于散热器的承压要求。

(四)提升散热模块换热效率

为了强化采暖器的散热效率,波纹管式结构被应用在了采暖器的设计中。波纹管是一种表面带有环状纹的管体,环状纹外形为圆弧,向内环切,且呈现出周期性变化。波纹管是普通光滑换热管通过无切削滚扎工艺,表面金属塑形而成。波纹管式结构最大的优势在于,能够让流体以规定的通道不断交错地经过管道,不断提升介质的湍流程度。

以流体力学原理分析:在波峰处介质速度下降、压力升高、在波谷处介质速度提升、压力减少,这种情况下,流动的介质会来回地改变轴向力,产生的强烈涡流不断经过介质的边界层,使边界层变薄。而波纹管内介质边界面积不停地发生改变,使介质在流速较低时也能一直保持速度比较大的湍流状态,能够克服对流传热产生的阻力,管内外传热都能得到增强,所以传热效果变得很好。

波纹管式结构应用在散热器上优势可以归纳为以下几点。

▶▶ 1. 提升换热效率

波纹管的散热器截面不断发生变化,使介质在流速很低的时候也能一直处于极速湍流的状态,不会形成层流,这样就克服了对流传热的热阻,传热被强化,所以传热效果很好,通常是直管式散热器的 2～3 倍。

▶▶ 2. 减少污垢沉淀

由于水质的原因,传统水暖散热器的腔内会积有尘垢,导致其有时会出现不能散热的情况。而波纹结构使得散热器内水介质一直处于极速湍流的状态,使水中的灰尘不能形成污垢;同时,由于波纹结构的温差应力,使得散热器波纹管上的波纹曲率产生形变,反而让其自身具有了清尘的能力。

▶▶ 3. 强度高,不易变形

管波纹改变了传统散热器的表面结构,使传统的光滑表面承压的能力得以提升,并且使散热器以更少的材料,承受了更大的水压。

▶▶ 4. 减少维修量

应用了波纹结构的散热器不容易沉淀污垢、密封性好、承压性能高,不需要向传统散热器那样经常维修。一旦需维修,工作量也很小。

综上所述,优化后的波纹管式采暖散热器解决了传统水暖散热器由于沉积污垢,不能散热的问题;提升了散热器的承压能力;提升了其散热效率,减少了维修成本。

(五)加热模块选型及材料

加热模块主要由加热管、温控管等元件组成,是保证新型采暖器安全高效的重要部分,所以应该慎重选择。在实验中,我们选用了单一电阻加热管,而为了保证加热的高效性与节省空间,加热管设计为双 U 型管,即两组加热管结合在一起,其结构为在耐高温不锈钢无缝管内,填充加热电阻丝,在无缝管和电阻丝之间填入具有良好导热和绝缘性能的结晶氧化镁粉,这种加热管的结构简单,热效率高,同时发热均匀,机械强度好。电阻丝接入电流时,镁粉会将电阻丝产生的热量传递给不锈钢管,之后被加热件或者水媒介升温,采暖需求得到满足。

在选择合适的加热管时,应该从以下几个方面考虑。

▶▶ 1.镁粉的纯度

管内填充物的导热性能与镁粉的纯度有很大的关系,导热性能提升,热阻就减小,所以热传递的效率也就增加了。

▶▶ 2.镁粉的密度

镁粉的密度决定了加热管的电热效率,镁粉密度越大,电热管发热效率就越高。

▶▶ 3.加热管的口径

口径的选择可以根据压缩前后面积的变化率是不是低于 0.7,来判断加热管的密度能不能符合要求。比如一直径 8.4 mm,厚度 0.4 mm 的不锈钢管,压缩成管直径为 6 mm。判断管材是否合格,其计算方式如下:

$$S_1 = \pi \left(\frac{d - 2h}{2} \right)^2 \tag{5-9}$$

式中:S 为空管内截面积,h 为管的厚度,d 为管材的直径,所以把数值代入公式得,空管内截面积为 $S_1 = 45.36 \text{ mm}^2$,同理,根据式(5-9)计算可知,压缩后管内截面积为 $S_2 = 21.22 \text{ mm}^2$,所以管面积的压缩比值为 $S_2/S_1 = 0.468$,所以此管材为合格加热管材。

▶▶ 4.加热管的材料

现在主流的加热管材料为铁铬铝和镍铬合金。铁铬铝材料电阻率高(1.45 Ω · mm²/m),耐热性好,但高温强度不高,冷却后有脆性。上限使用温度为 1250 ℃。镍铬合金电热丝电阻率低(1.11 Ω · mm²/m),耐热性好,高温强度高,冷却后无脆性,上限使用温度为 1100 ℃,而不足点是价格偏高,一般为铁铬铝材料价格的 8～10 倍。

所以根据这几个方面,可以选择市场上应用广泛的铁铬铝合金 U 形管。其有以下优点:①以铁铬铝为材料管材,耐热性能优良,防腐蚀性能强;②U 形加热管密封性强,应用了先进的加工技术,不会造成表面的破损;③具备良好的电气性能,使用起来更加安全可靠;④加热管填充材料优良合格,符合行业高标准,能确保设备长时间使用。

电热元件是智能化散热器非常重要的部件之一,在经济适用的情况下,电热元件的使用寿命则是需要得到保证的。提高电热元件的寿命有以下几条措施:①选择优质元件材料;②增加电热元件直径从而减小热负荷值;③减少电热元件的组数;④降低每项电热元件的端电压;⑤采用电阻率大的材料。

▶▶ 5.温控模块

温控系统在日常家电中的应用非常广泛,在对智能化散热器的温控模块进行电路设计时,我们可以对类似的温控系统的工作原理进行分析,以此来找寻电路方案的设计思路。以热水器为例,如图 5-1 所示为热水器电路图。

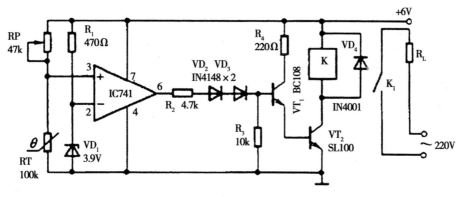

图 5-1 热水器电路图

把 4.0 V 的标准电压加在比较器 IC 的两端,同时在比较器的输入端加上 RP 和热敏电阻 RT 的分压电压。当热水器内温度不高于 95 ℃时,IC 驱动 VT,同时和 VT_2 连接,启动继电器 K,加热器开始工作;当温度高于 95 ℃时,IC 输出低电压,VT_1 和 VT_2 截止,停止加热。电路能够自动控制加热器的开关,从而使热水器内温度一直维持在 95 ℃。

根据对热水器温控系统工作原理的分析,我们可以推导出智能化散热器温控模块的工作原理。其模块主要由温度传感器、智能电脑控制电路及用户操作界面等部分构成,用户通过操作按键设定室内温度,加热模块接收温控系统指令持续加热,当室温升高至设置好的温度时,传感器则将信息返回给系统,使加热模块中止加热。用户操作界面显示当前温度、湿度及水量,散热模块内水量不足时,提示用户及时向采暖器内加水。

由此,为了能保证采暖器的正常工作,对散热器的温控系统电路进行了设计。如图 5－2 所示,ST 是调温器,FU 是保险器,EH1 和 EH2 分别是 500 W 和 1000 W 的加热管,S1 和 S2 分别是中、低功率开关,HL1、HL2 是功率指示灯。

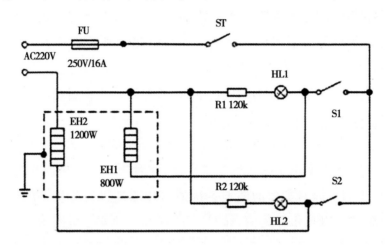

图 5－2　智能化散热器温控系统电路图

在电源接通后,先将 ST 以顺时针方向旋至旋钮的最大位置,之后根据采暖需求调节加热的功率。当 S1 关闭时,EH1 接入电路,开始发热;当 S2 关闭时,EH2 接入电路开始发热;同时关闭 S1、S2,EH1 和 EH2 同时发热,这是功率在 1500 W。在调节过程中,对应不同功率的指示灯会亮起,当房间温度达到设定温度后,ST 将以反方向旋转,此时功率指示灯熄灭,所以 ST 通过不定时的通电,使散热器达到平衡状态,让室内保持在一定温度下。

二、散热器造型设计

(一)散热器的设计原则

▶▶ 1. 创新性原则

产品造型设计是一个有章可循的过程。依据用户的需求,从用户、场景等不同出发点我们可以知道,优秀的产品造型设计通常有良好的功能性、结构性、时尚性、个性等。散热器造型设计的过程,是一个不断推进的过程,首先从市场环境和用户场景出发,挖掘出用户的需求之后,从产品的功能性、结构性、美观性入手,通过对设计规则的应用,来设计出满足用户诉求、拥有美好造型的散热器。

产品设计是开发新产品的创造性活动,通过不断地对技术、功能、外形的创新,来提升产品的可用性及商业价值。

造型设计是产品设计中不可或缺的部分,是产品传达给用户最直接的信息。优秀的造型设计不仅能够为产品带来良好的视觉表现,更能够吸引用户的注意,向消费者传达出高品质感,所以造型设计已然成为提升商品价值和市场表现力的关键要素。

▶▶ 2. 功能性原则

一件优秀的产品应该要满足人们对于功能的需求,产品造型是功能的载体,在产品设计过程中需要向用户传达出其明确的功能性,即需要产品的造型能清楚地表达出产品是什么、做什么用的、如何使用等。

产品造型的设计,不仅是为了产品外形的美观,同样也是产品和用户之间的交流的载体,这种交流通过人类视觉、听觉、嗅觉等直观的感觉来得以实现,以造型美观的结构为外在目的,以产品实际的功能和用户的心理期望作为潜在的需求。

▶▶ 3. 结构性原则

在产品造型设计中,结构上的创新设计也很重要,不同功能决定了不同的结构,不同结构又决定了不同的视觉效果。本书在对智能化散热器散热模块进行设计时,为了提升散热模块的散热效率,增强其散热功能,应用了波纹管结构形式,而这种结构同时也决定了散热器的散热模块的外形。

行业技术的快速发展和不同材料的应用,也会对产品的结构造成影响,使产品的结构变得更加科学,也更加的合理。在散热器外形的设计中,我们应该遵循结构性原则,即以功能推动结构变化,以结构变化来影响产品外形,优秀的结构设计可以清晰地向用户传达出良好的功能性,用户能在看到产品的第一眼就可以知晓其用途,知道如何去操作,减少用户对于新产品的恐惧,提升产品的用户友好度;同时美观的外形也能够给用户带来视觉享受,以此带来产品真正的市场价值。

▶▶▶ **4.** 审美性原则

在产品造型的设计中,不仅要遵循功能性、创新性和结构性原则,审美性原则的应用也是设计中不可缺少的部分。毕竟一个新产品在传达功能性的同时,也展现着其审美的一面。产品通过外观与用户之间建立一种心理上的交流,引起用户的注意,所以人们在选购一件产品的时候,会首先被其外观所吸引,比如它的外观、色彩等,之后才会深入地了解产品的具体细节,所以外观的因素会较大程度上决定用户的消费行为。

散热器通常被用户放在室内使用,其设计更应该考虑其审美性和其他因素的结合,比如室内环境、室内其他物体或者产品自身等,不能做到形式上的统一,很容易让用户感觉到不和谐,以此会给用户传达出产品质量不过关的心理暗示。所以在后续的散热器造型设计中,主要有以下几个设计方向:①设计上做到外形与用户使用环境之间的统一;②造型美观,对用户的使用环境有装饰作用;③以良好的外观及产品自身模块间的组合、统一,来向用户传达良好品质感。

(二)思维导图及草图分析

依据这些造型的设计原则,为了探究更多设计的方向,进行了产品的思维导图分析。创始人安东·博赞认为,思维导图是可以帮助人们高效思考,通过不同关键词的连接,把人们的想法向外发散。传统的草拟和笔记方法有很多弊端,比如忽略关键词、难记忆、效率低、不能自由发散思维等,而拥有简洁高效,积极参与度特点的思维导图则对于思维的发散有至关重要的作用。

在进行草图设计之前,需要利用思维导图的方式将智能化散热器的各部分设计要素进行归纳整理,从而使思路开阔清晰。将散热器的设计层次分为多个部分,包括色彩、造型、材质等,规定了在进行智能化散热器创意设计时要遵循的基本要素,从而在实际设计中可以更加深入到细节当中,使设计出的产品符合实际,易于生产。

在草图的设计过程中,充分考虑了散热器的工作原理以及对于电采暖功能的整合,由于智能化散热器是在传统散热器的基础上优化,所以设计的核心点放在了控制系统的壳体,壳体的造型和色彩将影响整个散热器的美观度。

为了满足用户的个性化设置及整体美观性,在散热器正面设计了一块可触摸屏幕,用户不仅可以直观了解屏幕上的内容,如室内温度,湿度,时间等,还能直接进行人机交互,使之更加地智能化,让用户操作起来更加方便。所以最终在众多设计方案中选定这种智能化为最终设计方案。

依据思维导图中各个方向元素的分析,完成了对于智能化散热器外形的设计。整个设计以外观和结构、功能统一的原则,做出了符合生产规范的设计。

在草图的设计中,有以下细节:①从美观的方面来说,将造型设计的统一融入其中,具有美感;②将注水口融入机身造型中,使其看起来更加整体,不生硬;③屏幕能够显示更多用户需要的内容如温度,时间等。

(三)散热器的色彩设计

色彩设计,是产品设计中非常重要的环节,是产品传达视觉信息的最迅速的、最敏感的设计因素。色彩的合理应用,不仅为产品的外观加分,提升其在市场上的竞争力、装饰生活环境、调节生活氛围;也能够让人们的精神上更加积极向上,工作生活都产生积极影响。

过于强调通过产品的功能为配色依据,会形成生硬、有很强工业感、没有感情的色彩感,而家电类产品良好的色彩能给人们带来亲近感,减少由工业材料组成的产品所传达的距离感,有利于与室内的环境和谐统一、让人们生活更加轻松。所以本文在对散热器功能研究的同时,也对其色彩进行了设计。在色彩的设计中,主要依据以下几个因素设计。

▶▶ 1. 产品本身的因素

产品设计中应包括其功能、造型、各模块组成结构、结构的复杂度、各模块部分的面积大小、自身体量比例、重量、档次和自身传达的经济价值和情感价值等。

采暖散热器是北方人群在室内使用最多的供暖设备,在市场上多以块体的造型存在,所以散热器的色彩主要以大块的面积存在,同时散热器本身的体量都比较大,此时不宜选用较深的色彩作为散热器的主体颜色,会给用户一种笨重、复杂的心理感觉,而优质的散热器应该是轻盈、便携的。此外,散热器本身是采暖设备,由于长时间的空气循环,容易积灰尘,而浅色的色彩则会给人干净、卫生的感觉。

▶▶ 2. 人的因素,即产品的使用者

不同年龄的人、不同阅历的人以及不同背景的人对于采暖产品的功能需求可

能是一样的,但是对采暖产品的色彩的感受则各有不同,不同的用户群则根据他们对于色彩的偏爱来自由选择。

3. 使用环境的因素

散热器产品主要的使用场所是"家",所以它的色彩应该符合家庭生活的要求。在现今快速的生活状态下,人们需要处于色彩淡雅、恬静、舒适的环境来放松自己。协调是人们对于生活空间的最低要求,人们不能长时间处于有着色彩饱和度过高的生活环境中,配色必须关注产品所处的环境,与环境和其他产品相协调,才能让产品达到其最大的价值。

采暖散热器作为重要的采暖设备,一般都放置于用户的卧室或客厅内,强烈的色彩将与周围的环境造成巨大的反差,破坏了与周围环境的统一感。目前大多数家庭的室内墙壁以白色为主,为了保持和谐,采暖散热器的颜色也应该与墙壁相呼应。所以综合以上三个方面的因素分析,智能化散热器的主体色彩选定为以白色为主,其他功能模块则以相邻色或对比色凸显。

第六章　暖通空调系统节能优化策略

第一节　暖通空调设备建模

变风量空调系统和变水量空调系统的节能优势分别体现在空气回路和冷冻水回路上,为了实现进一步的节能,本课题中空调系统采用变风量和变水量相结合的形式,空调系统采用一台变速送风机(无回风机)、一台变速冷冻水泵、一台制冷机、一台定速冷却水泵和一台单速冷却塔。要建立整个空调系统的功率计算模型,必须首先建立空调系统各个设备的模型,下面分别介绍空调系统中风机、冷冻水泵、制冷机和冷却塔的功率计算模型以及表冷器的效率模型。

一、风机模型

风机是在空调系统中为空气循环提供动力的设备,本书中的风机单指送风风机。在变风量空调系统中,风机的转速通常采用变频装置进行调节,其工作状态可由送风量进行确定。因此,要计算风机的运行功率,必须首先计算风机的实时送风流量。

(一)送风流量计算

在变风量空调系统中,风机的送风量是根据被控房间的需求实时变化的,送风量应该恰好满足各个空调房间总的冷负荷。在冷负荷和室内温度设定值不变的前提下,送风温度的变化会引起风机风量的变化,假定室内总的显热冷负荷为Q_S,则系统的送风流量m_{air}满足以下关系式:

$$m_{air} = \frac{Q_S}{1.01 \cdot (t_N - t_S)} \tag{6-1}$$

式中:m_{air}——风机实际风量,kg/s;

Q_S——室内显热冷负荷,kW;

t_N、t_S——分别为室内空气设计干球温度和送风温度,℃;

1.01——干空气定压比热,kJ/(kg·℃)。

在空调系统中,空气调节的送风温度需要在一定的范围内进行调节,因此送风温度需要满足以下约束:

$$t_{SMin} < t_S < t_{SMax} \tag{6-2}$$

式中:t_{SMin}——最低送风温度,℃;

t_{SMax}——最高送风温度,℃。

(二)风机功率计算

风机的风量和功率之间的关系可以用一个曲线拟合模型来描述,但是这种模型仅仅适用于定静压控制的中央空调系统。要建立一个的功率计算模型,需要用到的数据包括风机的设计压力、设计流速、风机总效率、电动机效率以及电动机损耗进入气流的比例。对于变风量风机,模型还需要用到一个四次多项式曲线,这个四次多项式曲线被称为部分负荷因数,它包括 5 个系数,利用这个曲线可以描述风机流量比和风机功率之间的关系。变风量风机的功率可根据式(6-3)进行计算:

$$f_{air} = m_{air} / m_{airdesign}$$

$$f_{pl} = c_{f1} + c_{f2} \cdot f_{air} + c_{f3} \cdot f_{air}^2 + c_{f4} \cdot f_{air}^3 + c_{f5} \cdot f_{air}^4 \tag{6-3}$$

$$P_{fan} = \frac{f_{pl} \cdot m_{airdesign} \cdot \Delta P}{1000 \cdot e_{fan} \cdot \rho_{air}}$$

式中:f_{air}——风机流量比;

$m_{airdesign}$——风机设计(最大)风量,kg/s;

f_{pl}——部分负荷因数;

c_{f1}、c_{f2}、c_{f3}、c_{f4}、c_{f5}——风机特性系数;

P_{fan}——风机功率,kW;

ΔP——风机设计压力,Pa;

e_{fan}——风机总效率;

ρ_{air}——空气密度,kg/m³。

对于风机而言,其送风量不能超过其额定的风量,而且也必须有一个工作的下限,因此风机风量需要满足如下约束:

$$m_{airMin} < m_{air} < m_{airMax} \tag{6-4}$$

式中：m_{airMin}——风机最小送风量，kg/s；

　　　m_{airMax}——风机最大送风量，kg/s；

(三)送风温升计算

风机送风时，如果电动机在气流之内，则其发热量会导致气流温度的上升。送风温升的大小主要取决于风机轴功率以及风机损耗进入气流的比例，可由下式进行计算：

$$P_{\text{fanshaft}} = e_{\text{fanmotor}} \cdot P_{\text{fan}}$$

$$Q_{\text{toair}} = P_{\text{fanshaft}} + (P_{\text{fan}} - P_{\text{fanshaft}}) \cdot f_{\text{motoroair}} \qquad (6-5)$$

$$\Delta t_{\text{fantoair}} = \frac{Q_{\text{toair}}}{1.01 \cdot m_{\text{air}}}$$

式中：P_{fanshaft}——风机轴功率，kW；

　　　e_{fanmotor}——风机电动机效率；

　　　Q_{toair}——传入空气的功率，kW；

　　　$f_{\text{motoroair}}$——风机损耗进入空气的比例；

　　　$\Delta t_{\text{fantoair}}$——风机前后送风温升，℃。

这样，式(6-1)～式(6-5)共同组成了变风量风机的功率计算模型。根据这个模型，不但可以求得风机的运行功率 P_{fan}，而且能够计算出送风温升 $\Delta t_{\text{fantoair}}$，这为计算表冷器的进风温度打下了基础。在这个模型中，送风量 m_{air} 直接影响风机功率的大小，在暖通空调节能优化模型中，m_{air} 将作为模型的一个决策变量。

二、冷冻水泵模型

冷冻水泵是冷冻水回路中为冷冻水循环提供动力的设备，水泵的转速通常采用变频装置进行控制，其工作点可以通过实时的水流量进行确定。因此，要想建立冷冻水泵的功率计算模型，必须首先求得其实时的水流量。

(一)冷冻水流量计算

本书中假定水泵采用变温差控制，则表冷器的进出水温差实时变化。水泵的流量可由负荷和表冷器进出水温差确定，这里的负荷指表冷器的换热负荷，它可以根据表冷器的进出风温差及风量进行计算。根据表冷器换热负荷和温差可求

得水泵的流量少,公式如下:

$$m_{water} = \frac{Q_{coil}}{c_p \cdot \Delta t_{water}} = \frac{1.01 \cdot m_{air} \cdot (t_1 - t_2)}{c_p \cdot \Delta t_{water}} \quad (6-6)$$

式中:m_{water}——冷冻水泵流量,kg/s;

Q_{coil}——表冷器换热负荷,kW;

Δt_{water}——冷冻水供回水温差(表冷器进出水温差),℃;

t_1——表冷器进风温度,℃;

t_2——表冷器出风温度,0 ℃;

c_p——水的比热,kJ/(kg·℃)。

表冷器的进出水温差必须保持在一定范围内,即满足如式(6-7)所示约束:

$$\Delta t_{waterMin} < \Delta t_{water} < \Delta t_{waterMax} \quad (6-7)$$

式中:$\Delta t_{waterMin}$——表冷器最小进出水温差,℃;

$\Delta t_{waterMax}$——表冷器最大进出水温差,℃。

(二)水泵功率计算

变速水泵和定速水泵的区别就是变速水泵具有一个部分负荷性能曲线,这个曲线可用一个三次多项式来表达。利用它可以表述水泵的部分负荷与水泵功率之间的关系。水泵的功率可按下式计算:

$$v_{water} = \frac{m_{water}}{\rho_{water}}$$

$$PLR_{pump} = \frac{v_{water}}{v_{waterdesign}}$$

$$f_{flp} = c_{p1} + c_{p2}PLR_{pump} + c_{p3}PLR_{pump}^2 + c_{p4}PLR_{pump}^3 \quad (6-8)$$

$$P_{pump} = f_{flp} \cdot P_{pumpdesign}$$

式中:v_{water}——水泵水流速,m³/s;

ρ_{water}——水的密度,kg/m³;

PLR_{pump}——水泵部分负荷率;

$v_{waterdesign}$——水泵设计水流速,m³/s;

f_{flp}——水泵功率占满负荷功率的比率;

c_{p1}、c_{p2}、c_{p3}、c_{p4}——水泵特性(部分负荷)系数;

P_{pump}——水泵功率,kW;

$P_{\text{pumpdesign}}$——水泵设计功率，kW。

冷冻水泵采用变频装置进行调节，其流量是可变的，但是必须在一定范围之内，即满足如式(6-9)所示约束：

$$m_{\text{waterMin}} < m_{\text{water}} < m_{\text{waterMar}} \qquad (6-9)$$

式中：m_{waterMin}——最小水泵流量，kg/s；

m_{waterMar}——最大水泵流量，kg/s。

(三)冷冻水温升计算

与风机类似，当冷冻水流经水泵时，水泵的发热量将会引起冷冻水的温度上升，冷冻水温升主要取决于水泵轴功率以及电动机损耗进入水中的比例，可按下式进行计算：

$$P_{\text{pumpshaft}} = P_{\text{pump}} \cdot e_{\text{pumpmotor}}$$
$$Q_{\text{towater}} = P_{\text{pumpshaft}} + (P_{\text{pump}} - P_{\text{pumpshaft}}) \cdot f_{\text{motorowater}} \qquad (6-10)$$
$$\Delta t_{\text{pupmtowater}} = \frac{Q_{\text{towater}}}{m_{\text{water}} \cdot c_p}$$

式中：$P_{\text{pumpshaft}}$——水泵轴功率，kW；

$e_{\text{pumpmotor}}$——水泵电动机效率；

$f_{\text{motorowater}}$——电动机损耗进入水中的比例；

$\Delta t_{\text{pupmtowater}}$——冷冻水温升，℃。

综上所述，式(6-6)～式(6-10)共同组成了冷冻水泵的功率计算模型。根据该模型，不但可以求得冷冻水泵的运行功率 P_{pump}，而且可以计算出冷冻水温升 $\Delta t_{\text{pupmtowater}}$，这为计算表冷器的进水温度打下了基础。在这个模型中，冷冻水流量 m_{water} 直接影响冷冻水泵功率的大小，在后面的暖通空调节能优化模型中，m_{water} 将作为模型的一个决策变量。

三、制冷机模型

制冷机是空调系统的冷源，也是空调系统的主要能耗设备。与制冷机相关的主要动态参数包括制冷机出水温度和冷却水进水温度，因此制冷机的模型需要以这两个参数和其他静态参数(制冷机额定状态下的性能参数)为基础，动态求得制冷机的运行功率。

(一)制冷机性能曲线

制冷机的模型可用其额定状态下的性能参数和三条性能曲线来描述,这三条性能曲线分别是以下三点。

(1)冷量与温度之间的曲线。

(2)EIR 与温度之间的曲线。

(3)EIR 与部分负荷之间的曲线。

▶▶ 1. 冷量与温度之间的曲线

制冷机冷量与温度之间的曲线是一个二次的性能曲线,包括两个自变量:制冷机出水温度和冷却水进水温度。这个曲线的输出结果乘以制冷机的名义制冷量可得到既定温度下的满负荷制冷量。在设计温度和设计流量下,该曲线的输出结果应该为 1。这个四次曲线的表达式如下:

$$ChillerCapFTemp = a_1 + b_1 \cdot t_{cwl} + c_1 \cdot t_{cwl}^2 + d_1 \cdot t_{conde} + e_1 \cdot t_{conde}^2 + f_1 \cdot t_{cwl} \cdot t_{conde}$$

$$(6-11)$$

式中:$ChillerCapFTemp$——制冷量因数;

t_{cwl}——制冷机出水温度,℃;

t_{conde}—— 冷却水进水温度,℃;

a_1,b_1,c_1,d_1,e_1,f_1——制冷机特性系数。

▶▶ 2. EIR 与温度之间的曲线

EIR 是指能量消耗与制冷量的比值,它与 COP 互为倒数关系。EIR 与温度之间的曲线也是一个二次曲线,它可以定义为制冷机 EIR 与制冷机出水温度和冷却水进水温度之间的关系。这个曲线的输出结果乘以制冷机的参考 EIR 值可以得到制冷机既定温度下的满负荷 EIR 值。在设计温度和设计流量之下,该曲线的输出应该为 1。该曲线的表达式如下:

$$ChillerEIRFTemp = a_2 + b_2 \cdot t_{cwl} + c_2 \cdot t_{cwl}^2 + d_2 \cdot t_{conde} + e_2 \cdot t_{conde}^2 + f_2 \cdot t_{cwl} \cdot t_{conde}$$

$$(6-12)$$

式中:$ChillerEIRFTemp$——制冷机 EIR 因数;

a_2,b_2,c_2,d_2,e_2,f_2——制冷机特性系数。

▶▶ **3. EIR 与部分负荷之间的曲线**

EIR 与部分负荷率之间的关系曲线是一个二次曲线，它可以定义为制冷机 EIR 随部分负荷率的变化，部分负荷率是指实际冷负荷与制冷机可用冷量的比值。这个曲线的输出结果乘以制冷机的参考 EIR 以及 EIR 与温度之间的曲线输出结果可以得到制冷机既定温度、既定部分负荷率下的能耗。当部分负荷率为 1 时，该曲线的输出结果也为 1。该曲线表达式如下：

$$ChillerEIRFPLR = a_3 + b_3 \cdot PLR_{chiller} + c_3 \cdot PLR_{chiller}^2 \qquad (6-13)$$

式中：$ChillerEIRFPLR$——制冷机 EIR 因数；

$PLR_{chiller}$——制冷机部分负荷率；

a_3, b_3, c_3——制冷机特性系数。

（二）制冷机功率计算

根据式(6-11)～式(6-13)所述的制冷机性能曲线，制冷机的实际运行功率可按式(6-14)进行计算：

$$Q_{avail} = Q_{ref} \cdot ChillerCapFTemp$$
$$Q_{evap} = c_p \cdot m_{water} \cdot (\Delta t_{water} + \Delta t_{pumptowater}) \qquad (6-14)$$
$$PLR_{chiller} = \frac{Q_{evap}}{Q_{avail}}$$

$$P_{chiller} = Q_{aval} \cdot \frac{1}{COP_{ref}} \cdot ChillerEIRFTempChillerEIRFPLR$$

式中：Q_{avail}——制冷机可用冷量，kW；

Q_{ref}——制冷机名义冷量，kW；

Q_{evap}——制冷机冷负荷，kW；

$P_{chiller}$——制冷机功率，kW；

COP_{ref}——制冷机名义 COP 值。

制冷机的出水温度需要在一定范围内进行调节，其满足如下约束：

$$t_{cwlMin} < t_{cwl} < t_{cwlMax} \qquad (6-15)$$

式中：t_{cwlMin}——制冷机最小出水温度，℃；

t_{cwlMax}——制冷机最大出水温度，℃。

另外，制冷机的部分负荷率也必须在一定的范围内，其满足如下约束：

$$PLR_{\text{chillerMin}} < PLR_{\text{chiller}} < PLR_{\text{chillerMax}} \tag{6-16}$$

式中：$PLR_{\text{chillerMin}}$——制冷机最小部分负荷率；

$\quad\quad PLR_{\text{chillerMax}}$——制冷机最大部分负荷率。

(三)冷却水进出水温度

在空调系统中，冷却水由冷却塔提供，若忽略冷却水泵的温升，则制冷机的冷却水进水温度与冷却塔出水温度相等。假定 t_{ctset} 为冷却塔出水温度设定值，t_{conde} 为制冷机的冷却水进水温度，则

$$t_{\text{conde}} = t_{\text{ctset}} \tag{6-17}$$

根据制冷机冷负荷和制冷机功率，可以求得冷却水回路负荷，在此基础上，冷却水出水温度可按下式进行计算：

$$Q_{\text{cond}} = P_{\text{chiller}} \cdot e_{\text{chillermotor}} + Q_{\text{evap}} \tag{6-18}$$

$$t_{\text{condl}} = t_{\text{conde}} + \frac{Q_{\text{cond}}}{m_{\text{cond}} \cdot c_p}$$

式中：Q_{cond}——冷却水回路负荷，kW；

$\quad\quad e_{\text{chillermotor}}$——压缩机效率；

$\quad\quad t_{\text{condl}}$——冷却水出水温度，℃；

$\quad\quad m_{\text{cond}}$——冷却水流量，kg/s。

综上所述，式(6-11)~式(6-18)共同组成了制冷机的功率计算模型。利用该模型，不但可以求得制冷机的运行功率，而且可以得到冷却水的进出水温度表达式，从而为分析冷冻水回路和冷却水回路的关系打下基础。在该模型中，制冷机出水温度 t_{cwl} 和冷却水进水温度 t_{conde} 对制冷机的功率起决定性作用。t_{conde} 可根据冷却塔出水温度计算而来，而 t_{cwl} 将作为暖通空调节能优化模型的一个决策变量。

第二节　暖通空调系统节能优化模型

一、模型目标函数和决策变量

在本书的研究中，暖通空调系统采用一台变速送风机(无回风机)、一台变速冷冻水泵、一台制冷机、一台定速冷却水泵和一台单速冷却塔，则空调系统节能优

化模型的目标函数如下：

$$\min P_{\text{total}} = P_{fan} + P_{\text{pump}} + P_{\text{chiller}} + P_{\text{condpump}} + P_{\text{coolingtower}} \qquad (6-19)$$

式中：P_{total}是指空调系统总功率，P_{condpump}是指冷却水泵功率；由于本书中采用的冷却水泵为定速水泵，因此 P_{condpump} 为一常数。

二、模型约束

我们已经分别介绍了暖通空调各个设备的模型，在此处，这些空调设备模型将作为暖通空调系统节能优化模型的约束。对应于各个空调设备，这些模型约束分别为风机约束、冷冻水泵约束、制冷机约束、冷却塔约束和表冷器约束。

根据空调设备的不同，可将模型约束分为设备约束和设备关系约束两种。其中，设备约束是指用于计算设备功率的约束，包括风机约束、冷冻水泵约束、制冷机约束和冷却塔约束。设备关系约束是指用于描述设备与设备之间关系的约束，在本书中主要是指空气回路和冷冻水回路之间的约束，即表冷器约束。

参 考 文 献

[1]   吴嫡.建筑给水排水与暖通空调施工图识图 100 例[M].天津:天津大学出版社,2019.

[2]   江克林.暖通空调节能减排与工程实例[M].北京:中国电力出版社,2019.

[3]   李联友.暖通空调施工图识读[M].北京:中国电力出版社,2019.

[4]   何为,陈华.暖通空调技术与装置实验教程[M].天津:天津大学出版社,2018.

[5]   王文琪.暖通空调系统自动控制[M].长春:东北师范大学出版社,2018.

[6]   曹洁,苏小明.建筑暖通工程设计与实例[M].合肥:安徽科学技术出版社,2018.

[7]   顾洁.暖通空调设计与计算方法[M].3 版.北京:化学工业出版社,2018.

[8]   董长进.医院暖通空调设计与施工[M].哈尔滨:哈尔滨工业大学出版社,2018.

[9]   乐嘉,周锋.学看暖通空调施工图[M].2 版.北京:中国电力出版社,2018.

[10]   郑庆红.建筑暖通空调[M].北京:冶金工业出版社,2017.

[11]   尚少文.暖通空调技术应用[M].沈阳:东北大学出版社,2017.

[12]   张文生.暖通工程与节能降耗[M].长春:吉林科学技术出版社,2017.

[13]   刘国涛,郭鹏,邓康天.暖通工程与节能技术[M].长春:吉林科学技术出版社,2017.

[14]   王志毅,黎远光,王志鑫.暖通空调工程调试[M].长沙:中南大学出版社,2017.

[15]   史洁,徐桓.暖通空调设计实践[M].上海:同济大学出版社,2017.

[16]   王鹏,马金星.暖通 BIM 实战应用[M].西安:西安交通大学出版社,2017.

[17] 刘晓宁,陈金良,薛勇.热能动力与暖通工程[M].长春:吉林科学技术出版社,2017.

[18] 葛凤华,王青春.暖通空调设计基础分析[M].2版.北京:中国建筑工业出版社,2017.

[19] 邬守春.暖通空调施工图设计实务[M].北京:中国建筑工业出版社,2017.

[20] 任振华,张秀梅.AUTOCAD暖通空调设计与天正暖通THVAC工程实践(2014中文版)[M].北京:清华大学出版社,2017.

[21] 徐鑫.暖通空调设计与施工数据图表手册[M].北京:化学工业出版社,2017.

[22] 王晓璐,郑慧凡,杨磊,等.普通高等院校精品课程规划教材暖通空调技术[M].北京:中国建材工业出版社,2016.

[23] 王凤宝.建筑给水排水与暖通施工图设计正误案例对比[M].武汉:华中科技大学出版社,2016.

[24] 贾玉贵,秦景.暖通空调与节能技术[M].长春:吉林大学出版社,2016.

[25] 厚贵宁,刘新伟.暖通空调与设备安装[M].长春:吉林科学技术出版社,2016.

[26] 李联友.暖通空调施工安装工艺[M].北京:中国电力出版社,2016.

[27] 刘秋新.暖通空调节能技术与工程应用[M].北京:机械工业出版社,2016.

[28] 黄翔.暖通空调系统设计指南系列蒸发冷却通风空调系统设计指南[M].北京:中国建筑工业出版社,2016.

[29] 陆亚俊,马最良,邹平华,等.暖通空调[M].北京:中国建筑工业出版社,2015.

[30] 石晓明.暖通CAD[M].北京:机械工业出版社,2015.

[31] 刘艳华,王沣浩,孔琼香.暖通空调节能技术[M].北京:机械工业出版社,2015.

[32] 李双贵.暖通空调设计及实例研究[M].长春:吉林大学出版社,2015.

[33] 江克林.暖通空调设计指南与工程实例[M].北京:中国电力出版社,2015.